想要了解更多的
无印良品的收纳

〔日〕本多沙织　著
　　颜尚吟　译

山东人民出版社

U0364756

从高中时代开始，我就是一个无印良品爱好者，还在无印良品的门店做过店员。如今，我家里的收纳用品有七成都是无印良品的产品。对于无印良品的感情，与其说是喜欢，不如说是热爱。

ⓐ亚克力分隔架、ⓑ聚丙烯追加用储物箱、ⓒ聚丙烯追加用储物箱·深型、ⓓ聚丙烯追加用储物箱、ⓔ聚丙烯储物箱·抽屉式·深型、ⓕPP化妆盒、ⓖ聚丙烯储物箱·抽屉式·深型、ⓗ聚丙烯储物箱·抽屉式·深型、ⓘ聚丙烯储物箱·半抽屉式·深型

①不锈钢悬挂式钢丝夹

無印良品
非常值得信赖的

省去繁琐的简洁设计，同时兼具美观性和实用性，这就是无印良品的魅力所在。和我喜欢的老家具也能轻松地融合在一起。使用聚丙烯、不锈钢、亚克力、藤条等材质制造而成的各种商品，都是用过就爱不释手的良品。这些商品也教会我一个道理，对生活用品施以过度的加工是完全没有必要的。

ⓚ 18-8 不锈钢钢丝篮 2 个、ⓛ可重叠长方形藤编篮子·中、ⓜ可重叠长方形藤编篮子·小、ⓝ亚克力小物件搁物架、ⓞ聚丙烯追加用储物箱·浅型、ⓟ聚丙烯追加储物箱、ⓠ聚丙烯追加储物箱·深型

长时间以来受众多、顾客喜爱的畅销商品有很多。不管何时都能买到需要的商品的安心感，是选购收纳用品时的一大优势。各系列不同规格的收纳用品具有互换性，会带来一种类似玩拼图游戏时完美嵌合的快感。

无印良品的收纳用品不仅是根据日本住宅的面积特点研究设计出来的，而且即使更换环境后也能继续使用，让人感到放心。其实，在我现在的家里就有从娘家带过来的使用了近 10 年的收纳用品。

我和无印良品

与无印良品的邂逅，发生在我的高中时代。我被无印良品单纯朴素的设计所吸引，从使用他们家的笔记本、笔、笔盒之类的文具入门。刚好就在那个时期，娘家附近新开了一家无印良品的店铺，开启了本人延续至今的无印良品之旅。家里的房子改建后，我拥有了一间约10平方米的房间。于是，开始在无印良品采购必需的物品。现在使用的收纳用品里有不少就是当时购入的储藏箱和纸板盒。之所以能够历经近10年，即使场合和用途发生变化也可以持久使用，多半要感谢产品本身能灵活适应变化、没有过多附属的简洁设计。一直以来，无印良品都是从顾客的角度来考虑产品设计，这正是我相信无印良品的原因。

结婚后，开始了新的生活。也就是那个时期，我开始在附近的无印良品店铺里打工，当了两年左右的店员，每天亲身感受无印良品的魅力，对这个品牌的兴趣也越渐浓厚起来。一开始只是从小小的文具入手，如今，符合自己生活需要的产品已经越来越多地出现在生活的各个场合。

这之中，对我来说比较特别的是收纳用品，组合变化之丰富简直令人感动。以日本住宅使用的"尺"这一单位为基准，引申出"外长86cm、内宽84cm"这样的模数（基本尺寸）。根据这一模数设计出来的储物箱不管怎样组合都能摆放妥帖。不单是尺寸，材质上也有聚丙烯、硬纸板、藤编、布、不锈钢等多种。外形上，光是抽屉这一种类型就有多种形状和大小。这并不是做无用功，在设计的时候，每一种抽屉都已经被设定好适合自己收纳的东西。比如，首饰的收纳，比起聚丙烯和纸板，能够看到内容物的透明亚克力材质显然更为方便合适。无印良品就是这样在不经意间向我们展示着他们的产品是多么称手好用。

简洁实用的设计使得产品不论处在怎样的空间里，都能毫不费力地融入周围的环境，就算之后陆续购入新的成员，也能保持整体的统一感，让人长期使用，不会感到厌倦。而且，根据使用者的不同想法，还可以组合出不同的使用方法，这也是一种独特的魅力。

我家的收纳用品中有七成是无印良品的产品。本书中，我将尽可能具体地用实例向大家进行介绍，同时，也会归纳出一些收纳的窍门和点子。不过，解决收纳问题，并不存在所谓的正确答案。希望本书能为想要实现理想生活的你提供一些启发。如果在阅读过程中突然产生灵感，请你马上放下手中的书，重新考虑自己的收纳大计吧。

整理收纳顾问　**本多沙织**

目　录

1

21　让整理变得简单　本多家的无印良品使用

2

81　让无印良品来解决你的收纳问题

82　SCENE 1　儿童物品

怎样才能让孩子在回家后自己收拾外套和书包？／怎样才能让孩子自己做出门前的准备？／有没有能让孩子自己整理和选择衣服的衣柜？／便于寻找和整理的玩具收纳法是怎样的？／怎样才能让想看的书唾手可得？／越来越多的玩偶该怎样收纳？／驾车外出时，如何避免后座被弄得乱七八糟？

86　SCENE 2　起居室和餐厅

随手乱放的广告单之类的该如何处理？／无处可放的处方药该如何处理？／怎样才能让全家共用的日用品不会弄丢？／对于那些有期限的文件，有没有不忘记截止日期的管理方法？／对于旧报纸的暂时收纳有什么推荐的做法吗？／诊查券之类的物品怎样收纳？／容易散落的零件类物品的保管方法是怎样的？

3

113   了解尺寸后   聪明地收纳

让生活变"轻松"的

整理收纳思路

收纳，是一种能让生活更加轻松便利的手段，是为了能在家里、在房间中生活得更为舒适的一种准备。

STORAGE METHOD（收纳方法）

整理是对未来的投资

如果把整理看成是"收拾混乱的房间"，就很容易产生消极情绪。可是，如果在睡前把用过的料理工具归到原位，这样第二天一早就能用整理好的厨房快速开始做早饭。文具也是一样，用完后物归原处，下次要用到的时候就不用花时间到处找了……像这样，把自己当下所做的整理当作让今后的自己"过得更轻松一点的投资"的话，动力就会大大增加。抛除"收拾"这个概念之后，等待你的就是愉悦舒适的生活了。

不要让物品支配自己

物品的购买和"收纳"是紧密相连的。就算收纳得井井有条，随着物品的增加，这个平衡的系统还是会被打破。几乎每天都有新的东西进家门，但并不会每天都扔东西。重要的是，把东西带进家里之前，先进行一番严格彻底的考量。"真的是必需的吗""家里有没有相似的东西""今后能发挥作用吗"……应该试着认真地和物品相对。

"整理""收纳"和"收拾"之间的关系

"整理""收纳"和"收拾"之间存在着各不相同的意思。所谓"整理"，是把必要的东西和不必要的东西进行分类，并把不需要的物品处理掉。"收纳"，是让必要的东西能在必要的时候"呼之即来"。也就是说，收纳＝构建平衡系统。把东西胡乱收进柜子里，这称不上是收纳。"收拾"则是指把用完的东西放到某个固定的地方。

于是，为了每天的必修课"收拾"能更顺畅地进行，我们就需要做"收纳"，而为了"收纳"起来能更加轻松，能减少不必要物品的"整理"就十分需要了。

收纳的门槛要一低再低

家里的环境总是收拾不好的原因主要在于收纳的方法。你不应该生气"他们都不给我收拾干净"，而是首先应该看看家里的收纳用品到底对不对。其中的关键在于，在家人最常放东西的必经之路上，放置没有盖子或门扇、可以直接把东西放进去的收纳用具。为了尽可能方便地收拾，收纳的门槛要一低再低。如果是做不到的事情，就算明令"去做"也是无能为力的。既然这样，就只好尽量免除麻烦的动作，使收纳"能够轻松自然地完成"。请带着对家人友好的态度重新审视收纳这回事吧。

收纳要每日更新

　　对于收纳来说，时常更新是非常有必要的。其实，在日常使用的东西里面，往往有的东西"放在眼前比较方便取用"或是"虽然放在最上层，但是用到的次数意外地多"，等等。不轻易放过这些小问题，不断地想办法改善，生活就会变得更加轻松，朝着理想的状态迈进。

整理收纳
5 步骤

物品摆放在固定的地方，需要使用时不必特意翻找，用完后轻松放回。我们的目标是实现无压力收纳。

餐具柜里比较宽敞，不必严守收纳法则

1 不要搁置问题

整理收纳的第一步，是要意识到"不知道把它放在哪里好""每天要用的东西拿起来不方便"这类给人带来压力和困扰的问题。如果没有发现、没有意识到、不采取办法，照老样子一直过下去的话，就会影响到日常生活。若是感到生活中到处充满不便，那就必须要寻找能让生活变得更"轻松"的收纳方法了。

2 把东西全部拿出

一说到收纳，大家想到的往往是收纳用品、收纳方法、收纳场所等。其实，首先应该考虑的是物品，自己到底拥有多少东西，这个必须做到心中有数。为此，要把同一种类的东西（比如餐具）全部拿出来，放在面前。即使是分散在各处的东西，也要把它们汇集到一处。

把收在水槽上方吊柜里的餐具都取出来，放在一起。

其他的餐具，绝大多数
都是用不到的物品。

3 进行分类

对拿出来的物品进行分类，依次划分成"经常使用的物品""偶尔使用的物品"和"其他"。这"其他"里面，又分"以后或许会用到的物品"和"不会用到的物品"。那么，我们就把后者处理掉吧。如果犹豫不决，参考一下家人和朋友的意见，就能爽快地做出决定。

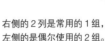

右侧的 2 列是常用的 1 组，
左侧的是偶尔使用的 2 组。

4 把物品收起来

先把 1 组的物品优先放在便于取放的位置。然后，把今后不大会用到的物品放在较高的位置或是柜子的深处等不太容易取放的位置。采用这样的消元法，做起收纳计划就简单容易多了。"取放方便"和"最常使用"之间的统一是十分重要的。

位于黄金区域左上层的是 1 组中每日使用的餐具。剩余的 1 组餐具按照形状大小再进行分组，并根据宽度组合摆放。以 2 组为主的柜子右下层，则使用 Π 形搁架，方便取用。

5 可视化收纳

对物品进行分类、决定了收纳的位置之后，为了让收纳用具里的物品一目了然，需要将物品名称写在标签纸上贴起来，实现"可视化"。这种既能提醒你该把何种东西放在何处又能让任何人都能一目了然的标签化操作，可以让你清楚地知道该把物品放回何处。而且，还有助于防止物品回到散乱的状态。

为了避免不知道该怎样把物品放
回去，收纳的物品要详细标记。

本书中将要介绍的无印良品收纳用品

商品名／尺寸／价格『日元』／书中介绍的页码和行数

※ 图片为缩小图，与实际尺寸不同。

聚丙烯储藏箱·抽屉式·小
宽 44 × 深 55 × 高 18cm /
￥1200 / p43、46、121［14-01］

聚丙烯储藏箱·抽屉式·大
宽 44 × 深 55 × 高 24cm /
￥1500 / p43、46、122［14-02］

聚丙烯储藏箱·抽屉式·高
宽 44 × 深 55 × 高 30cm /
￥1800 / p122［14-03］

聚丙烯收纳箱·抽屉式·小
宽 34 × 深 44.5 × 高 18cm /
￥1000 / p101［14-04］

聚丙烯收纳箱·抽屉式·大
宽 34 × 深 44.5 × 高 24cm /
￥1200 / p101、123［14-05］

聚丙烯收纳箱·抽屉式·高
宽 34 × 深 44.5 × 高 30cm /
￥1500 / p43、47［14-06］

聚丙烯收纳箱·抽屉式·横款·小
宽 55 × 深 44.5 × 高 18cm /
￥1500 / p111、112［14-07］

聚丙烯收纳箱·抽屉式·横款·大
宽 55 × 深 44.5 × 高 24cm /
￥1800 / p111、112、123［14-08］

聚丙烯收纳箱·抽屉式·横款·高
宽 55 × 深 44.5 × 高 30cm /
￥2200 / p111、112［14-09］

聚丙烯箱·抽屉式·横款·深型
宽 37 × 深 26 × 高 17.5cm /
￥1100 / p105［14-10］

聚丙烯箱·抽屉式·深型
宽 26 × 深 37 × 高 17.5cm /
￥1000 / p29、37、60［14-13］

聚丙烯箱·抽屉式·浅型·2 层
宽 26 × 深 37 × 高 16.5cm /
￥1200 / p53［14-11］

聚丙烯搬运箱·大
宽 36 × 深 51 × 高 16.5cm /
￥1000 / p105［14-14］

聚丙烯箱·抽屉式·深型·
2 个·附隔断
宽 26 × 深 37 × 高 17.5cm /
￥1500 / p37、60、82［14-12］

聚丙烯衣物箱·抽屉式·大
宽 40 × 深 65 × 高 24cm /
￥1500 / p122［14-15］

聚丙烯箱用・不织布分隔箱・
小・2枚入
宽 12× 深 38× 高 12cm /
￥400 / p46、121［15-01］

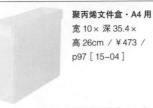

聚丙烯文件盒・A4 用
宽 10× 深 35.4×
高 26cm / ￥473 /
p97［15-04］

聚丙烯立式文件盒・
A4 用
宽 10× 深 27.6× 高
31.8cm / ￥578 /
p25、101［15-07］

聚丙烯箱用・不织布分隔箱・中・
2枚入
宽 16× 深 38× 高 12cm /
￥500 / p46、112、121
［15-02］

聚丙烯文件盒・立式・
A4 用
宽 10× 深 32× 高 24cm /
￥578 / p65、88、101
［15-05］

聚丙烯立式文件盒・
宽・A4 用
宽 15× 深 27.6×
高 31.8cm / ￥840 /
p101［15-08］

聚丙烯箱用・不织布分隔箱・
大・2枚入
宽 24× 深 38× 高 12cm /
￥600 / p112、121［15-03］

聚丙烯文件盒・立式・
宽・A4 用
宽 15× 深 32×
高 24cm / ￥840 /
p88、89［15-06］

聚丙烯整理盒 1
宽 8.5× 深 8.5× 高 5cm
/ ￥80 / p49［15-09］

聚丙烯桌内整理托盘 4
宽 134× 深 200× 高 40mm
/ ￥220 / p53［15-10］

聚丙烯桌内整理托盘 2
宽 100× 深 200× 高 40mm
/ ￥200 / p53［15-11］

聚丙烯追加用储物箱・深型
宽 18× 深 40× 高 30.5cm /
￥1200 / p30、31［15-12］

聚丙烯储物箱・半抽屉式・深
型・1 个・附隔断
宽 14× 深 37× 高 17.5cm /
￥900 / p29、44、121
［15-14］

聚丙烯小物品
收纳盒6层・A4 高
宽 11× 深 24.5×
高 32cm / ￥2000 /
p86［15-16］

聚丙烯追加用储物箱
宽 18× 深 40× 高 21cm /
￥800 / p30、31［15-13］

聚丙烯储物箱・半抽屉式・
浅型・1 个・附隔断
宽 14× 深 37× 高 12cm /
￥800 / p121［15-15］

聚丙烯垃圾箱・方型
宽 28.5× 深 15×
高 30.5cm / ￥700 /
p87［15-17］

PP 化妆盒·有盖·小
宽 150× 深 110× 高 103mm /
￥300 / p61［16-01］

PP 化妆盒·有盖·大
宽 150× 深 220× 高 103mm /
￥450 / p61［16-02］

PP 化妆盒
宽 150× 深 220× 高 169mm /
￥450 / p29［16-03］

PP 化妆盒·1／2
宽 150× 深 220×
高 86mm / ￥350 /
p36［16-04］

**PP 化妆盒·1／2
横向**
宽 150× 深 110×
高 86mm / ￥200 /
p65、99、104、105［16-05］

**PP 化妆盒·附隔
断·1／2横向**
宽 150× 深 110×
高 86mm / ￥300 /
p99、105
［16-06］

**PP 化妆盒·1／4
纵向**
宽 75× 深 220× 高 45mm /
￥180 / p53［16-07］

**聚酯纤维棉麻混纺软盒·
长方形·小**
宽 26× 深 18.5× 高 16cm /
￥800 / p90、99［16-08］

聚酯纤维棉麻混纺软盒·浅型
宽 13× 深 37× 高 12cm /
￥700 / p92、112、121
［16-09］

**聚酯纤维棉麻混纺软盒·
长方形·小**
宽 37× 深 26× 高 16cm /
￥1000 / p84［16-12］

**聚酯纤维棉麻混纺软盒·
长方形·中**
宽 37× 深 26× 高 26cm /
￥1200 / p101［16-13］

**聚酯纤维棉麻混纺软盒·
衣物用·大**
宽 59× 深 39× 高
23cm / ￥2200 /
p95、123［16-16］

棉麻涤纶箱包架
宽 15× 深 35×
高 70cm /
￥1500 / p92
［16-10］

**棉麻涤纶小物件
收纳格**
宽 15× 深 35×
高 70cm / ￥1500 /
p48［16-11］

**聚酯纤维棉麻混纺软盒·
长方形·大**
宽 37× 深 26× 高 34cm /
￥1400 / p84、85［16-14］

聚酯纤维棉麻涤纶软盒·大
宽 35× 深 35× 高 32cm /
￥1500 / p85［16-15］

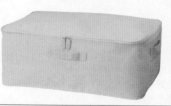

亚克力信立
宽 5× 深 13× 高
14.1cm / ￥500 /
p86 [17-01]

可叠放亚克力 CD 盒
宽 13.5× 深 27× 高 15.5cm /
￥1200 / p71 [17-05]

可叠放亚克力二层储物盒·
抽屉
宽 17.5× 深 13× 高 9.5cm /
￥1500 / p55 [17-08]

亚克力笔筒
宽 5.5× 深 4.5× 高 9cm /
￥140 / p105 [17-02]

可叠放亚克力箱·附隔板·小
宽 17.5× 深 6.5× 高 4.8cm /
￥500 / p97 [17-06]

可叠放亚克力 DVD 盒
宽 17.5× 深 13× 高 21cm /
￥1500 / p97 [17-09]

亚克力搁物架·3 层
宽 8.8× 深 13× 高
14cm / ￥1260 /
p86 [17-03]

亚克力小物件搁物架 A5
宽 8× 深 17× 高 25.2cm
/ ￥1200 / p53、91
[17-04]

亚克力搁物架
宽 26× 深 17.5× 高 10cm /
￥540 / p27 [17-07]

亚克力照片明信片盒（明信片
尺寸）
宽 16.3× 深 11.6× 高 5cm /
￥800 / p99 [17-10]

亚克力夹纸书写板·A4 用
宽 220× 高 310mm /
￥473 / p87 [17-11]

可叠放亚克力盒用天鹅绒内箱分隔栏·大·项链用·灰色
宽 24× 深 16× 高 2.5cm / ￥840 / p99 [17-12]

可叠放亚克力盒用天鹅绒内箱
分隔栏·格子·灰色
宽 16× 深 12× 高 2.5cm /
￥1000 / p99 [17-13]

可叠放亚克力盒用天鹅绒内箱
分隔栏·长形·灰色
宽 16× 深 12× 高 2.5cm /
￥400 / p55、99 [17-14]

壁挂式家具·挂钩·水曲柳
宽4×深6×高8cm /
￥800 / p101、111［18-01］

壁挂式家具·柜·宽88cm·水曲柳
宽88×深15.5×高19cm /
￥4800 / p55［18-02］

壁挂式家具·架子·宽44cm·水曲柳
宽44×深12×高10cm /
￥1900 / p98、103［18-03］

壁挂式家具·横板·宽44cm·水曲柳
宽44×深4×高9cm /
￥1500 / p85、104［18-04］

壁挂式家具·横板·宽88cm·水曲柳
宽88×深4×高9cm /
￥2800 / p82、111［18-05］

＊"壁挂式家具"安装在包括石膏墙在内
的墙体上时，请使用附属的专用固定栓。
如需用螺丝钉固定，请先准备好相应的螺
丝钉。

硬质纸盒·抽屉式·深型
宽25.5×深36×高16cm /
￥1890 / p87［18-06］

硬质纸盒·抽屉式·2层
宽25.5×深36×高16cm /
￥2620 / p52［18-09］

硬质纸盒·附盖·浅型
宽25.5×深36×高8cm /
￥1200 / p53［18-07］

硬质纸盒·附盖·浅型
宽18×深25.5×高8cm /
￥1000 / p44［18-10］

硬质纸盒·附盖
宽25.5×深36×高32cm /
￥2170 / p35、37［18-08］

硬质纸盒·文件盒
宽13.5×深32×高24cm /
￥1500 / p45［18-11］

硬质纸盒·附盖·深型
宽18×深25.5×高16cm /
￥1500 / p96［18-12］

可重叠方形藤编篮子·大
宽35×深37×高24cm /
￥2000 / p44［18-13］

藤编附提手盒子
宽15×深22×高9cm /
￥1500 / p48、49［18-14］

可重叠长方形藤编篮子·小
宽36×深26×高12cm /
￥2300 / p91、109［18-15］

18-8 不锈钢钢丝篮 2
宽 37× 深 26× 高 8cm /
￥2000 / p35、61、91［19-01］

18-8 不锈钢钢丝篮 6
宽 51× 深 37× 高 18cm /
￥3900 / p93、101［19-02］

铝制挂钩磁石式小号·3 个
￥400 / p35、89［19-10］

聚丙烯密封垃圾箱·大
宽 37.5× 深 51.5× 高 33cm /
￥1800 / p74［19-03］

吸附式托盘
宽 22× 深 6.7× 高 6.5cm /
￥1200 / p35、104［19-04］

不锈钢悬挂式钢丝夹
4 个装
宽 2.0× 深 5.5× 高 9.5cm /
￥400 / p64、66、90、91、
102［19-11］

不易横向偏移 S 型挂钩
大号·2 个
7×1.5× 14cm / ￥680 /
p61［19-12］

尼龙可折叠旅行用收纳包·大·
藏青色
长 40× 宽 53× 高 10cm /
￥950 / p94［19-06］

锦纶井字格包袱皮·藏青色
长 100× 宽 100cm / ￥1100 /
p94［19-08］

不锈钢不易横向偏移挂钩小
号·3 个
直径 9×24mm / ￥350 /
p82［19-13］

吸附式伸缩杆·细·中·银色
长 70-120cm、外径 1.3cm / ￥945 / p93、104［19-05］

防泼水尼龙·可吊挂式洗脸
用具盒·大·黑色
长 16× 宽 19× 深 6cm /
￥1300 / p85［19-07］

米瓷餐具收纳瓶
直径 9× 高 16cm / ￥800 /
p89［19-09］

铝制 S 型挂钩·大号
宽 5.5× 高 11cm
￥150 / p93［19-14］

本多家房间布局图

我们夫妻二人住的是一套房龄超过 40 年的一室一厅住宅。

2 个房间都是和式榻榻米房间，收纳空间则只有一间半壁橱的空间。

离开娘家后第一次住的房子，里面的收纳空间出乎意料地小，可是要收纳的东西却是 2 人份的。

一开始，我被这狭窄和老旧的空间难住了。不过，正是这个狭窄的空间，促使了简单轻松的收纳方法的诞生。

现在，我由衷地感到，能住在这个家里真是太棒了。

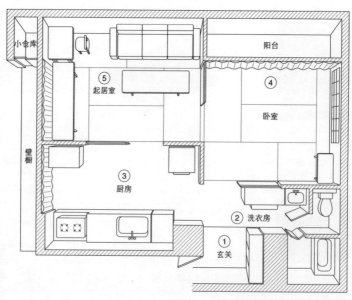

1

让整理变得简单
本多家的无印良品使用

KITCHEN
厨房

得心应手的感觉
让生活变得"轻松"

　　我并不喜欢做饭。从买菜开始到事后的收拾整理，对于不太勤快的我来说，完全就是一桩太过复杂的麻烦事。正因如此，为了减轻对厨房的恐惧，把在厨房里的时间缩减到最短，每当感到"啊，好麻烦"的时候，我必定会停下手里的事情，寻找解决的办法。弯腰、伸手拿东西的次数尽可能地少……像这样，为了让做饭变得更轻松，我来来回回动了很多脑筋，终于打造出眼前这个"得心应手的厨房"。采用沾水可擦、看得见内容物的 PP 或亚克力用品来对厨房收纳做战略性的调整，从而使得"麻烦"的程度又下降不少。

对于过程复杂的厨房作业，只要稍微变换一下
东西的摆放方法或位置，就能从每天的压力中
解放出来。为了打造一个更好用更高效的厨房，
每一天都在努力升级。

完成所有动作
目标是在最小的范围内

每一样东西所处的位
置都一目了然。只需
简单一步就能拿到想
要的东西，这才是理
想状态。为此，必须
重新审视现有的状
态，把浪费时间的步
骤和动作一一剔除。

充分利用灶台下面的空间

燃气灶台下方的收纳，要以不影响做菜为前提，方便东西的取出和放回。常用的调料可以直接挂在门扇上。

严格筛选每次必用的物品

保留每次做饭都会用到的物品即可，保证所有的物品都能毫无压力地取用的轻松感。这种选择同时也是一种开放式收纳。

锅盖放在专门的架子上

使用频率低、摆放不便的锅盖在用两根杆子支撑的架子上找到了属于它们的固定位置。

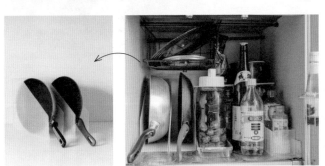

用文件盒打造直立型收纳

直立摆放在两个并列文件［p15-07］里的平底锅，取用一级方便。调味料则放在资料箱里。

餐具收纳包括吊柜和下面的所有开放式架子。最常使用的餐具要放在面前的开放式架子上，较少用到的物品则放入吊柜深处或箱子里，根据物品的使用频率不同而调整策略。

每天使用的物品
只需快速洗净后
放回原处就好

每天使用的餐具要放在特等席

无门的开放式架子，应该用来摆放每日使用的第一梯队的餐具。因为每天都要用到，自然就不会积灰。

把使用频率低的物品放在上层

　　偶尔才会用到的密封盒、漏斗、替换装保存瓶等,
适合放在收纳不常用物品的吊柜上层。

**使用 Π 形搁物架
增加空间**

　　利用亚克力搁架［p17-
07］充分使用有限的空间。
因为质地透明,可见性强,
方便对所有的东西一目了
然。

柜门背面是最好的空间

　　在柜门背面用 3M 的双面胶带贴上资料箱，可以用来收纳玻璃容器的盖子。经常使用的淘米沥水板、刨刀和量杯也可以挂在上面。

意外地发现和感到不便的地方

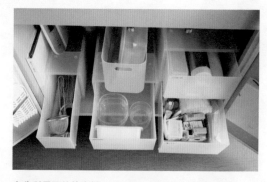

充分利用深处的空间

　　在水槽下方的空间放上聚丙烯收纳盒。因为可以从多种尺寸的盒子中进行选择组合，所以不会有多余的空间浪费，整个空间的四角也都可以利用到，看上去整洁清爽。由于是抽屉式收纳盒，即使放在深处的物品，也只需稍微蹲下身体就能轻松取出。因为是每一天、每一餐都要做的事，所以还是要稍微花点心思，让厨房用起来"越来越轻松"。

用自己的规则把东西唰地收起来

把种类繁多、形状大小各异的厨房小物件一股脑儿放进抽屉式收纳盒里收起来。在空间富余的地方，放上收纳在聚丙烯化妆盒里的密封容器。

①形状各异的厨房工具全部放在有一定深度和高度的收纳盒里。［p15-14］②丈夫和我自己偶尔会用到的便当工具，统一放在抽屉式收纳盒里，这样，在繁忙的早上可以迅速挑选使用。［p14-13］③密封容器的盖子和容器分别叠在一起，直立摆放在收纳盒里，有效利用紧凑空间。［p16-03］④玻璃容器重叠在一起收纳，盖子可以放在柜门背后的盒子里。［p14-13］⑤水槽下方的抽屉中，有一个专门用来收纳面膜、敷布、药品等杂物。为了能快速拿到需要的物品，所有的东西都要直立摆放。处方药要和处方条一起放在有拉链的塑料袋里。［p14-13］

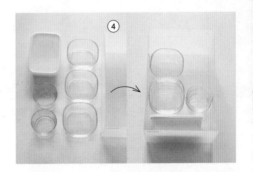

房适用收纳用品
是值得信赖的厨
『追加用储物箱』
用了8年之久的

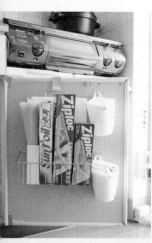

水槽下面适用的追加用储物箱
［p15-12、13］非常贴合狭长的
收纳空隙。由于抽屉安装有阻挡
部件，就算在做饭时突然大力拉
开抽屉，也不会使整个抽屉滑脱
出来，十分安心可靠。③是从娘
家时期就开始使用的抽屉，主要
用来放调料或当垃圾箱。总之，
是一款总能找到用途的万能物品。
在俯身就能看到的位置贴上内容
物的标签，柜门背后挂着从网店
买的架子，里面放着铝箔和百元
店买的密封罐用一次性抹布。总
之，尽量想办法保证任何东西都
随手可得。

把库存数量减到最少。用完的时候再补充也来得及。

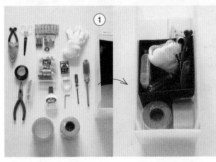

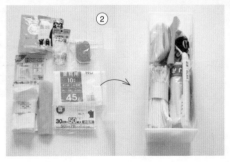

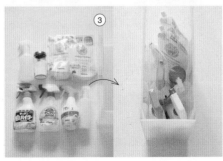

因为是每天都要用到的东西，取用方便是第一位的

①特别细碎凌乱的工具类物品要直立收纳在用盒子分隔开来的储物盒里。[p15-13] ②估算好消耗品的量后再储藏。垃圾袋、抹布 [p127] 之类的物品，记得要直立摆放，不要重叠。[p15-13] ③洗涤剂类的储藏要集中，长期保持一定的数量，防止购买过量。[p15-12]

為了追求使用的方便性
而反復試驗

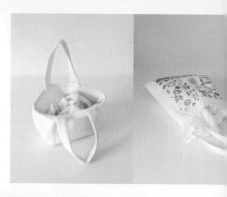

作为收纳用品使用的布袋用S型挂钩挂在水槽下方柜门上的布袋。一只用来存放替换用的抹布，一只用来装马甲袋。抹布每天用一块，用完后扔进洗衣机里清洗。

筷子和木质餐具分别放在藤编托盘里，和收在pp盒里的不锈钢制品一起摆放在抽屉外缘。每餐都要用到的筷架则和橡皮筋、夹子之类小物件一起收在状似套盒的小盒子里，同样紧靠着抽屉外缘。较少用到的开瓶器、开罐器等物品则固定摆放在抽屉深处。

只喜欢餐桌小能手

　　我是一个非常喜欢食器的人，常常会去参观心仪的作家的个展，或是在旅行的时候去逛逛事先做过功课的食器店。我希望遇到的宝贵餐具可以在每天的生活中焕发活力。所以，选择餐具时的基准就是能否得心应手地使用，能否天天活跃在我的餐桌上。

由几乎每餐使用的餐桌小能手组成的第一梯队，简直用得爱不释手。

有一只5寸盘。这是最近刚定下来的买餐具时的规矩。就算形状各异，相同尺寸的盘子也会比较契合。

选择茶碗的时候，要想着能否盛菜、能否盛汤，是不是还有其他多种用途等，也是一桩挺有趣的事。

通过组装实现理想的
收纳风格

不锈钢组装·不锈钢搁板架·大、不锈钢组装用骨架加强部件·宽56cm型用、追加用pp储物盒·宽56cm型用×3、边柜·小／合计36200日元

新近打造了一个不锈钢制的开放式架子。这样一个简单好用的架子，带给我极大的满足感。由于空间得到利用，地板也空出来了，打扫卫生的时候也轻松许多。移走微波炉后，在空出来的地方放上宽度较大的抽屉，使不断增加的"食材集中收纳"这个陈年问题得到了解决。

成为风景的收纳盒

　　轻巧坚固的硬质纸盒[p18-08]就算只是简单地摆放在那里，也能成为一道风景，是很棒的收纳用品。简洁的质感和棱角分明的外形深得我心。在架子上层放两个这样的盒子，就能成为内饰的一部分。内容物请看第37页。

食谱、托盘的收纳

　　在架子的上层放置亚克力信立，然后把托盘直立收纳其中。另外，用钢制隔板·小[p127]支撑菜谱。透明信立不会造成视觉上的压迫感，给人节省空间的印象。

侧面空间也要积极利用

　　利用侧面嵌板，用来收纳磁石式保鲜膜盒和镜子[p127]、托盘[p19-04]、挂在铝制挂钩[p19-10]上的墩布[p127]刚刚好。环保袋则挂在S型挂钩上。

重新包装日常使用的物品

　　茶叶、麦片和芝麻等日常使用的食物都分装在合适的瓶瓶罐罐里，集中收在钢丝篮里，然后放在架子上。这种工业化设计的构造让人充满联想的供food架，把手向内收进后可以实现折叠的简洁设计实用大方，让人不禁感叹："不愧是无印良品！"

利用空隙摆放垃圾箱

　　对收纳进行整顿后，架子下方空余出来一点空间，可以用来摆放带脚轮的垃圾箱[p127]，还可以把垃圾箱内部分隔成两部分。旁边的空间则留给碎纸机。

茶叶和点心的关联

去掉单件物品的不必要包装，装进带拉链的塑料袋里，统一收纳的尺寸。茶叶和点心分区存放。每天使用的咖啡滤纸和茶包放在外侧，使用频率较低的茶壶则放在深处。

干货类

常用干货类食品放在透明容器里。开封后的干货则装入带拉链的塑料袋中。为了能在炒菜时快速拿到干货，要把它们放在外侧。后方空出来，便于顺畅地取放有一定高度的容器。[p16-04]

备用食材

把食品调味料、软罐头食品、罐头等形状相近的食物各自分成一组。对于直接放进抽屉后容易晃动的物品，要先放进盒子里固定。扁平包装的食物也要直立摆放。保质期相对较长的食物应该放在抽屉深处。

把分散的食材集中摆放到3层抽屉里

用围挡避免色彩的泛滥

为了避免被各种颜色的包装搞得眼花缭乱，可以在收纳盒的前部插入裁剪过的塑料板，进行遮挡。

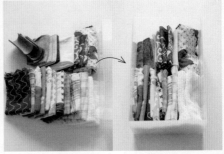

⑦

放在架子隔板上的抽屉式收纳箱

桌布或是擦手巾之类的针织物品集中收纳在这里。[p14-13] 炒菜时要用的调料则装在瓶子里,在盖子上贴上标签,以便低头一看就能知道内容物。打扫卫生时使用的除尘纸巾则除去包装袋后收纳,方便使用。[p14-12]

①

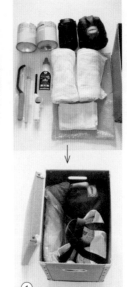

①

备用品的固定位置在架子上层

替换用的灯泡、防虫剂、露营用的点火器、备用毛巾等偶尔才会用到的生活备用品,分装在两个盒子里,放在架子的上层。[p18-08]

把冰箱尺寸减小到便于制定消费计划的紧凑型

① ② ③

之前一直使用的 427 升冰箱实在太大，有点浪费，所以换成了无印良品的 270 升冰箱［p127］。由于冰箱的容量变得紧凑，内容物一目了然，提升了使用的便利性。换了冰箱之后，只购买必要且少量的食物，避免出现吃不完而浪费的情况。这样一来，冰箱里的收纳环境越发简单清楚、一目了然了。

把同一种类的物品放进同一个托盘或盒子里

　　对于频繁取放东西的冰箱，收纳的关键是要把各类物品的固定位置准确地定好。把同一种类的物品收进托盘或盒子里，物品就变得易于管理，还可以防止把东西弄丢或过度购买。

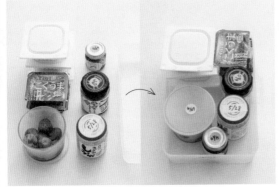

冰箱的收纳

　　夫妇二人一起喝也喝不完 1L 装的饮料，所以更钟情于迷你装。上图是汇总了梅干和纳豆之类"佐餐之友"组合。库存的情况也十分清楚。

冷冻室的收纳

　　肉类或鱼类切成一次的食用量，用保鲜膜包裹后放进拉链密封袋里。下面处理过的蔬菜也是一样。将食物直立着放进冷冻室的箱子里保存。

果菜室的收纳

　　蔬菜装在拉链密封袋里，放进果菜室。基本的法则就是直立收纳。在方便取用的抽屉前部放置收纳盒。

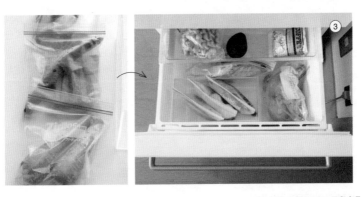

根据使用频率
决定收纳的位置

　　我家的收纳空间除了玄关的鞋柜之外，就只剩下卧室里不足 3 米长的壁橱了。怎样才能最大限度地利用这有限的收纳空间呢？这是住进这套房子后的最高任务。壁橱是用来收纳体积较大或是平时很少使用的物品的场所，一般给人的印象就是一个储藏室，而事实上，还应该用来收纳一些方便取用的日常物品。

　　纵深长是壁橱的优点，但想要不浪费空间、实现顺利取放物品，还是要动一番脑筋的。既然只能把东西收纳在这个空间里，于是尝试了各种办法，终于形成了现在使用的按使用频率高低决定物品摆放位置近远的收纳方式。

取走被褥，装上外突的窗帘轨道，壁橱的整体空间都
能得到自由使用，就像定做的一样。

按照使用频率区分近处和深处、左侧和右侧的空间

　　拉开帘子后马上能拿到物品的近处、靠近房间门的左侧，用作摆放使用频率较高的物品的固定位置，使得收纳整体张弛有度。

LEFT

①

②

取放方便的左侧位置

①在取放最方便的位置，放上从结婚前就开始使用的收纳箱［p14-01、02、06］，用来收纳当季衣服、家居服和内衣。无印良品的"PP衣物箱"深度有65cm，容量很大，但是放在壁橱的上层后，拉出抽屉时会略感费力。我家现在使用的"衣柜收纳箱"（深度55cm）和"收纳箱"（深度44.5cm）使用起来非常方便。②深处的空余空间，纵向支上几根伸缩杆，用来挂礼服或外套大衣等使用频率较低的衣服。

RIGHT

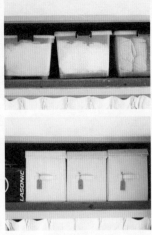

充分利用顶柜的收纳能力

　　取放物品不方便的顶柜是适合保管长期不使用物品的场所。过季衣服放进PP箱里，运动服、帽子和照片等则放进布箱子里，然后都放进顶柜里，就能实现一箱一类的收纳。

利用日常活动路线右侧的空间

　　可以调整搁架高度的收纳盒，固定用来存放需要保管的资料。备用的笔记本电脑放在上层也刚好合适。

信纸和信封成套收纳

　　书写用纸制品按信封、信纸、明信片等分类，用整本的资料夹来收纳［p127］。

将高度和深度相同、宽度不同的两只收纳架前后摆放。为了取用方便，靠近里面的收纳架采用横向摆放。近前的收纳架上方安装有挂钩，用来悬挂我家先生的帽子。放在外缘的带盖硬质盒［p18-10］里摆放着新钞、红包袋等参加各种红白喜事时要用到的物品。篮子［p18-13］里收纳着过季的衣服和饰品，半抽屉式储物箱［p15-14］里则收纳着先生的太阳眼镜之类的小物件。

汇总使用说明书

　　把使用说明书收进活页资料夹。按厨房家电、PC 相关等分类把使用说明书和保修证成套收纳在一本活页夹里。［p127］

架子的朝向
也要以物品取用的
方便性为优先

自由利用现有的收纳工具

在厨房里用来收纳食材的资料盒，也可以在别的地方利用起来。学生时代的相册和刻有照片的光盘，可以一起收纳在资料盒里。[p18-11]

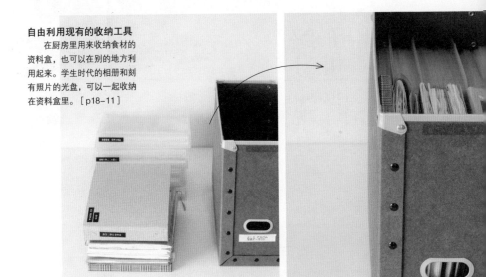

繁多的配件都归纳到一处

用一整个盒子把拥有数据线、充电器等诸多配件的摄像机收纳起来。如果都收进布袋子里，可以一起拿出来使用。[p18-11]

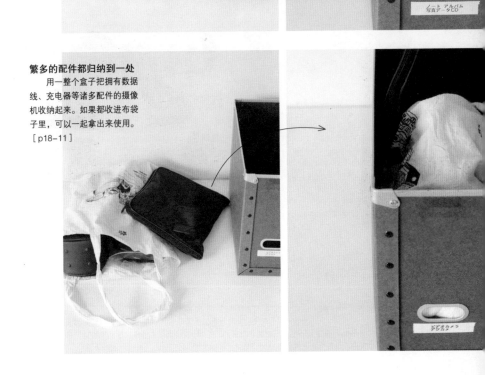

了解自己现有的衣服
箱子和隔断，
使用大小合适的

收纳着我的衣物的收纳箱［p14-01、02］。抽屉里摆放着不会产生褶皱的T恤、贴身背心和打底裤等。为了使内容物一目了然，采用直立型收纳。

衣物的种类和数量一目了然

　　大收纳箱里用小收纳箱［p15-01、02］分隔。这样一来，对于衣物的数量能有一个准确的把握，能坚持做到稍微增加一点就马上处理掉另一些，不胡乱买衣服。T恤和内衣按照季节分开摆放，只需前后替换就能完成衣物的换季。"衣柜收纳箱"和"横向收纳箱"的尺寸特别匹配，有大中小三种尺寸可供选择。

根据衣物的尺寸选择箱子的高度

先生的衣服尺寸比较大，适合放在有一定高度的收纳箱里。分类的话，按照一个抽屉放一种的规律，比如，T恤归T恤，内裤归内裤。这样一来，就算他本人也能轻松地整理自己的衣物。[p14-06]

T恤卷成团后放入

把对折后的T恤从一端卷起，卷成筒状，使其跟箱子的高度相符。把它们直立着放进收纳盒里，就算是我这样的懒人把衣服拿进拿出也不会打乱秩序。

收纳格空间的3层充分利用

②

利用细碎的空间，确保小物件的收纳场所。要高效使用能把狭窄纵长空间利用起来的收纳用品。

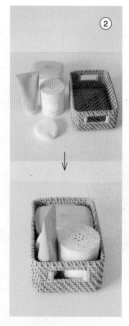

②

用作打理身体的地方

　小物件收纳格下方的空间，用来摆放装有清洁用品和润肤乳的藤编盒。［p18-14］

①

把小物件挂起来收纳

　把小物件收纳格挂起来，上层收纳皮带，中层和下层收纳我和先生的袜子。记得挂在稍微拉开帘子就能轻松取用的便利位置。［p16-11］

为了便于清扫，尽可能地减少地板上的家具

为了方便用吸尘器进行清理，房间里只摆放了占地面积较小的立方体家具，上面放着时钟、台灯和香薰机［p127］。由于过长无法放在壁橱里的长外套等直接挂在门框上就好。

用香氛放松身心

把薄荷等味道的精油和其他放松身心用的物品收纳在藤编篮里。里面再用整理盒做分类。［p127、p15-09、p18-14］

LIVING&HOME OFFICE
起居和家庭办公空间

起居室中 只摆放会在 这里使用的物品

　　这是老住宅区里的一个 10 平方米房间。我在这里吃饭、办公，坐在沙发上一边听音乐一边看书，一天之中待的时间最长的就是这间起居室。

　　在这里，最重要的考虑就是舒适感。因为是一个多用途的空间，需要用到的东西很多，为了避免被繁多的物品搞得心烦意乱，只有使用频率相当高的东西才能被收纳在这里。崇尚天然材质的无印良品收纳用品跟古老的家具特别搭调，有助于营造一个能让人放松的空间。

　　另外，各种物品都各归其位，使得在有需要的时候，坐着不动或是只走两三步就能拿到自己想要的东西。为了能够心情舒畅地做自己想做的事，我时时注意保持环境的整洁、舒适与便利。

起居室里几乎没有高度较大的家具，白色的墙壁大量地露出来，营造出视觉上的开阔感。
我比较喜欢硬质纸盒散发出来的办公气息，所以也算作起居室内饰的一部分。

这个房间里使用的东西，
主要收纳在沙发和工作
桌附近。

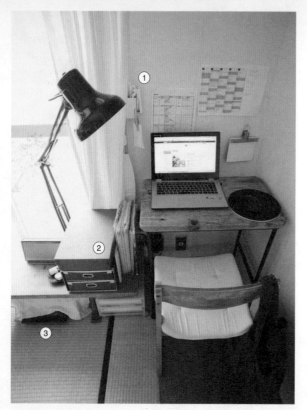

起居室的一角，这块大约 2 平方米的空间，紧凑地汇集着日常办公所必需的笔记本电脑、打印机、文件和文具等用品。

宝贵的工作空间
虽然狭小却十分

最大限度地利用所有物品

①打开电脑后，桌子上就没有摆放其他物品的空间了！把经常会使用到的铅笔、剪刀和笔架都贴在窗框上，要用的时候直接拿下来。②办公桌旁边的硬质纸盒［p18-09］抽屉里，收纳着文具、名片和文件等工作用品。带脚轮抽屉的上层是先生专用的，一旦有他的物品散落在外面，就都放回到这个抽屉里。③用双面胶给打印机的底部粘上脚轮，这样就增强了它的移动性，也便于用吸尘器清理地面。

必需的物品桌子附近只汇集

进行定量的管理
　　对文件进行归档、收纳在信立里面，把多余的文件处理掉。[p17-04]

临时物品的暂时保管
　　临时用过的物品姑且都收在这个盒子里。每个月进行 1-2 次的整理，处理掉一些东西。[p18-07]

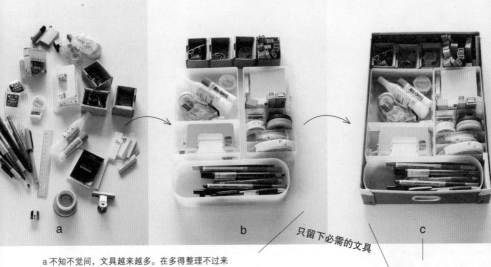

a　　　　　　b　　只留下必需的文具　　c

a 不知不觉间，文具越来越多。在多得整理不过来之前，把它们都摆在面前，确认每样东西使用的频率。用不到的东西就处理掉，剩余的东西按照笔、工具和消耗品等分类。b 为了方便管理，需要的时候可以快速取出，用整理盘进行区划管理，并用分隔板使修正带、图章之类的小物件也能直立收纳。c 抽屉前部用来摆放频繁使用的物品，重视物品取放的方便性。[p15-10、11、p16-07]

留出先生的专用空间
　　带脚轮 [p127] PP 收纳抽屉的上层是先生的专用空间。寄给他的 DM 和信件都保管在这个抽屉里。下层则用来收纳电脑和手机的相关配件。[p14-11]

打造一个令人
心旷神怡的空间

起居室的装饰角在窗帘轨道上方。用胶带固定住四角的相框［p127］，里面的卡片会经常更换。

这张长条桌是从网店购入的，是一件被叫作"文化馆长凳"的旧家具。

获得最多称赞的出众物件

　　天鹅绒内里的亚克力收纳盒，专门用来收纳贵重的首饰。两层结构，推拉不费力。[p17-08、14]

贴墙摆放的木质格子。用来收纳读完后仍想放在手边的书和杂志。上层用来摆放首饰或芳香小物件。[p18-02]

给每天的生活
带来恩惠的物品

在长条桌上摆放镜子，用作梳妆。长条状的饰品挂在贴在门框上的挂钩上。花朵和绿叶都是生活的点睛品。

需要的东西
无需离开沙发就能拿到

在沙发的扶手上放一只木箱当作书柜。当前想看的书和杂志都固定放在这里。这个位置是如此的醒目，拿到手里的机会当然也绝对增加。

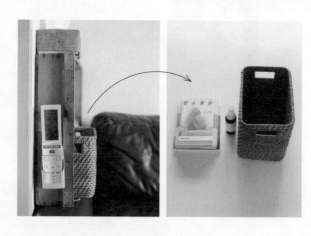

保证近在眼前、探手可得

　　木箱的侧面钉着一只用来装空调遥控器的盒子，保证了经常不知所踪的遥控器的指定位置。藤编篮里装着看到一半的书和调节心情用的空气喷雾。

沙发桌身兼餐桌、梳妆台、办公桌等数职。桌子下方的架子上收纳着只在这个房间里会用到的东西。对于这间小小的起居室来说，这个架子是十分宝贵的收纳空间。

不需要收拾的整理方法

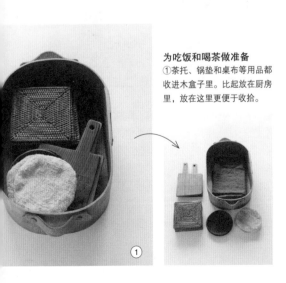

为吃饭和喝茶做准备
①茶托、锅垫和桌布等用品都收进木盒子里。比起放在厨房里，放在这里更便于收拾。

使用和收拾之间的最短距离
②每次使用完笔记本电脑都会放到这里，盖上防尘布。③木盒子里收纳着指甲钳、鼻毛剪、洗脸巾等一旦想到马上就会想要使用的毛发清洁用品。

LAUNDRY
洗衣房

不需要走动一步
就能完成一系列动作

　　我家没有洗衣房，一走进玄关，迎面看到的就是一台洗衣机，充满着浓郁的生活气息。再往洗面台和浴室走，也没有固定的收纳空间，甚至连挂毛巾的地方都没有。在这样的情况下，要考虑的是外观和实用性的对立。首先，把要在这个空间里使用的物品统一成白色。把眼睛接收到的信息缩减到最少，以给人一种清爽的印象。出于对实用性的考虑，选择了可以任意组装的组合架。洗涤剂放在伸手可得的位置。干透的内衣从衣架上取下，放进眼前的收纳盒里就好。一系列的动作不需要走动一步就能完成，这样的体系为充分利用时间作出了重大的贡献。

只要宽度和着地点之类的情况符合条件，向正在为洗衣房头疼的各位推荐这个方案。简直是现有的解决办法里最美貌、最实用的一种！

洗衣、洗脸、洗澡所需要的物品全部收纳在这里。组合架基本上都可以挂挂钩，对于悬挂收纳来说也十分方便。收纳内衣的3个收纳箱［p14-12、13］，在前部插上一块白色塑料板，使得内容物不会透出来。上层的布质篮（防污篮）主要用来收纳厕纸和沐浴用品的备用品。不锈钢和白色让这里少了一些生活气息，多了几分设计感。

最好用自创的洗衣房

上一任主人的洗衣房用的是钢制组合架。在现代的收纳方法里，这种架子是最基本的配置。换成不锈钢组合架后，每当我回到家看到架子，都会心满意足地感叹"果然还是不锈钢的好啊"。

不锈钢组装追加用骨架·大 ×2、加强架·不锈钢·宽84cm 型用 ×3、不锈钢组装用骨架加强部件·宽84cm 型用、追加用钢丝篮·宽84cm 型用、交叉杆·大 ×2、18–8 不锈钢钢丝篮 2×2、聚丙烯收纳箱·抽屉式·深型 ×2、聚丙烯收纳箱·抽屉式·深型 ×2个（附隔断）／合计 43300 日元

关键词是恰好的存在感

架子的隔板上摆放着 2 只钢丝篮［p19–01］，其中一只用来收纳小包纸巾和各种旅行装，另一只用来摆放洗衣粉备用装和化妆品。兼有防灰尘功能的附盖化妆盒［p16–01、02］有效防止了色彩和文字的混乱，隔着朦胧的透明感，隐约可以辨认里面的物品。

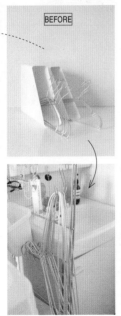

BEFORE

灵活利用架子的侧面

原本收在资料盒里的晾衣架［p127］改为挂在洗衣机边的S型挂钩［p19–12］上后，可以实现最短距离内取用。包装过分花哨的漂白剂和柔软剂都灌装到白色的瓶子里。

洗衣的动作在一条线上完成

当场把洗好的衣物夹在挂在架子侧面的方形衣架上，然后拿去阳台晾晒。待衣服晾干后，按照原路返回，除去衣架，把衣服放进固定的收纳盒里。衣架的旁边是无线吸尘器。

SANITARY ROOMS
洗脸台 / 浴室 / 卫生间

巧妙隐藏
生活气息的技能
不可或缺

　　在洗脸台、浴室、卫生间这些用水的场所，用到的东西种类特别多，而收纳空间却又很少，甚至可以说是零。一旦大意，周围的空间就会被物品占满，整个环境充溢着生活气息。只要是追求家里清洁感的人，就必须想办法最大限度地利用空间。

　　不管收拾东西的速度多快，关键还是要看这些物品是否收纳得方便取用，是否方便清扫等。在一次又一次的试验之后，渐渐成形的有：用收纳用品隔断空间的洗脸台下的收纳、利用夹子的悬挂收纳，还有卫生间里的简易搁板。给必需品一个固定的位置，狭小的空间里也能创造出些许宽裕，然后再点缀以一抹绿色。清新的空气开始流动起来。

把摆放的物品缩减到最少，保持整洁。

在生活的小风景里点缀鲜花。

把私人空间布置成令人放松的场所。

有意义地度过放松的时间。

牙膏用钢丝夹［p19-11］夹住，挂在洗衣房架子上收纳。要用的时候，无需把牙膏从夹子上拿下来。伸手可得、不占地方、沾到水后也能很快晾干、方便清理……这种做法能够提供各种方便。

更能提升方便性
比起『放置』，『悬空』

最适合随手小清理
　清洁海绵也用钢丝夹［p19-11］夹住挂起来收纳。一想到的时候就能用上，能随时保持洗脸台的整洁。

有求必应
　在架子上安装托盘，用来摆放摘掉隐形眼镜后佩戴的眼镜。这是从狭窄空间中诞生的空间使用妙招。

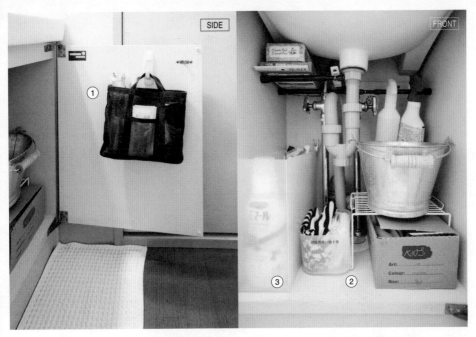

洗脸台下面的收纳库。伸缩杆和∏形搁架的使用令收纳量大增，并且用化妆盒和资料盒等来收纳备用品。门后挂着一只网眼包，可以用来装琐碎的物件。

利用袋子等进行收纳

隐形眼镜盒、护发品、发饰、化妆刷等形状大小各不相同的物件，根据不同分类进行收纳。

备用品的量以收纳工具的容量为准

把柔顺剂等放进资料盒里储存。购买的量不要超过盒子可以储存的量。

[p15-05]

打扫卫生间时可以用的废布头

把穿旧了的T恤剪成废布头（一次性抹布），然后放进化妆盒里备用。[p16-05]

尽量排除湿气
　　浴巾、清洁海绵、洗涤剂等都挂在杆子上。洗面奶用钢丝夹[p19–11]夹住挂起来。

清楚确认本周计划
　　把一周的行程表贴在墙上，做记录用的笔插在牙刷架上。[p127]

私人空间和时间
轻松愉悦地享受

决定物品的固定位置
　　种类繁多的沐浴用品需要一个固定的位置。在不适合把东西直接放在地上的浴室里，沥水功能强劲的瓶罐架是必需品。

用香气放松身心
　　香薰机散发着薄荷的香气轻柔地围绕你。透着清凉感的香气会让你感到神清气爽。[p127]

隐藏生活气息
　　从玄关可以直接看见的卫浴设施。用帘子把连更衣室的位置都没有的狭小空间遮蔽起来。

利用水箱后面突出的管道，制造出一个简易架和放洗涤剂的空间。这样一来，就有地方摆放绿色植物和小日历本。挂着的布袋里装的是备用的马桶圈。

ENTRANCE&STORAGE
玄关与小仓库

贯彻 "物品收纳在要用到的地方" 的方针

　　对于我家来说，主体收纳是一个壁橱，另外有一个天花板高度的大容量鞋柜和阳台上约一平方米见方的小仓库。

　　鞋柜里当然收纳着鞋子，不过，CD、图书和其他生活用品大约占据了半个鞋柜的空间。丈夫收藏的 CD 经过整理后，收进大小合适的盒子里，放在搁板上。装有工作用品的纸袋也放置在鞋柜里的固定位置。阳台储藏空间的门后挂着室外清扫用具和被褥夹。玄关处也采用了这种门后收纳。家门钥匙、车钥匙、扫帚和簸箕等在玄关门口要用到的东西，都挂在门后。这是一种实践 "物品收纳在要用到的地方" 方针的收纳方法。

可以说是"家的脸面"的玄关，我希望它可以一直保持整洁清爽的印象。为此，一直在思考有效保持清爽的收纳方法。

合理收纳的技巧
把想要摆放的物品

鞋柜的空间很大，在收纳了夫妻二人的鞋子后，还有很多空间富余。所以，把看过的漫画和图书、最近没有在听的CD之类的物品也收纳进来，左侧一整列是喜欢鞋子的先生的专属空间。

利用方便的收纳工具

过季的或是很少穿的鞋子可以放进鞋盒里。再把穿着频率较高的鞋子放在鞋盒上，这样就能使空间使用率翻倍。

给纸袋一个固定位置

出门时经常需要携带的纸袋统一收纳在鞋柜右侧的空间。把亚克力隔断贴在壁上，做出一个简易架子，方便轻松取用纸袋。

富余的空间用来收纳鞋子以外的东西

　　取放不太方便的上层用来摆放装有纪念品的资料盒［p127］、杂志、相册等大开本的本子。中层恰好适合收纳文库本和 CD。袋子里装着健身用的鞋子和衣物等。

皮鞋的护理用品都装在一个收纳盒里

　　偏爱"成熟系的鞋"的先生有不少常用的皮鞋护理用品。因为种类和数量都不少，所以统一放进一个盒子里收纳。

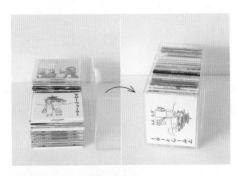

和鞋柜隔层大小匹配的 CD 盒

　　CD 按照前后两列的顺序放进鞋柜的隔层里，前面一列事先装在盒子里。把前排装有 CD 的盒子横过来，后排的 CD 也能方便地取出。尽可能少地使用收纳用品就 OK。［p17–05］

喜欢的香气迎面而来

　　在鞋柜上层摆放装饰薰香。一开柜门的瞬间，宜人的香气迎面飘来，让人神清气爽。［p127］

减轻出门时的忙乱感

家门钥匙、车钥匙、鞋拔和扫帚等在玄关要用到的东西都挂在门后。这些东西伸手可得，有助于减轻出门时的忙乱。

物品收纳在要用到的地方

　　镜子可以让你在外出前最后确认一下自己的形象，也可以让你在回家后看看自己的疲劳程度。只需瞥上一眼，就知道自己今天的状态如何。钥匙都挂在磁石挂钩上。用画有汽车、摩托车、自行车图案的贴纸加以区别。

发现水泥地上有沙尘的话，可以拿起扫帚轻松清理。［p127］

玄关处的伸缩杆是挂外套的固定位置

　　在家不需要穿的外套大衣等固定挂在玄关边上。这块狭窄的空间该如何利用起来呢？我想到的办法是支一根伸缩杆。找到一处合适的位置，把伸缩杆支起来，外套架就完成了。

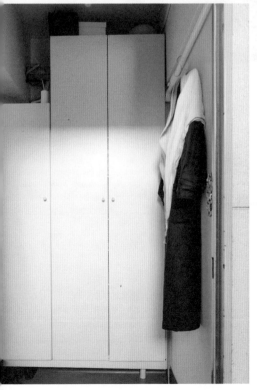

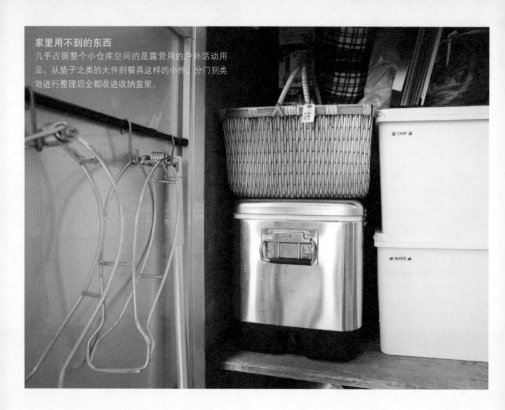

家里用不到的东西

几乎占据整个小仓库空间的是露营用的户外活动用品。从垫子之类的大件到餐具这样的小件，分门别类地进行整理后全都收进收纳盒里。

打开柜门，一眼就能找到需要的东西

户外用品

早前用来装工作用品的密封箱 [p19-03] 现在已经转而用来装露营用品。因为是密封的，适合室外收纳，建议大家用来装婴儿的尿不湿或猫砂等。

喜欢的东西请随便拿

再也用不到的餐具、收纳小物、别人送的东西、打算扔掉的东西等全都暂时收到一个篮子里。当有朋友上门拜访或有工作接洽采访的时候，把篮子打开，放到他们的面前，说："如果有用得上的东西请随便拿。"

踏板刷、被褥夹、簸箕等室外清理用品都挂在阳台小仓库门后的杆子上。
只要打开门，就能拿到自己想要的东西的便利感让人满意。［ p127 ］

使用无印良品的商品

本多家的形象大改造

用无印良品的商品对熟悉的房间进行改造
一改往日的风格给日常的生活带来好心情

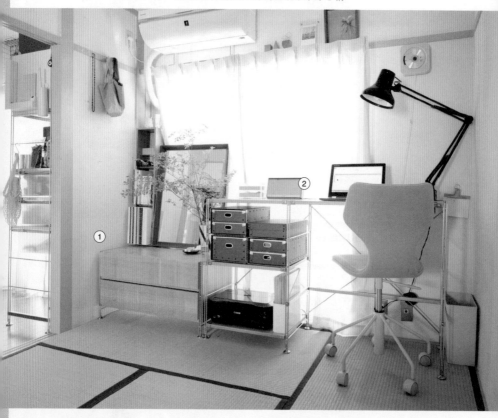

Rearrange 1

Home Office

即使在家
也能顺利开展
工作的空间布置

经过区划整理的起居室变身家庭办公室

　　如果只让我列一条对这个住宅环境的不满，我给出的答案会是"没有一张适合工作的桌子"。我想要一个可以把资料尽情摊开、长时间面对电脑集中注意力、符合自己需要的工作空间。最终，我放弃了用途单一的办公桌，而是选择了除了工作用途外还可以在别处用作收纳工具的组合架。

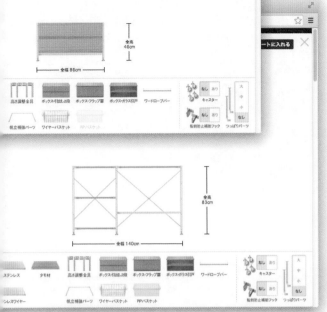

① 抽屉
不锈钢组合架・不锈钢追加用骨
架・小型・高46cm型用×2、
不锈钢组合架用骨架加强部件・宽
84cm型用、组合架用箱・抽屉・2
层・水曲柳・宽84.5×深41×
高37cm／合计28100日元

② 电脑桌 & 架子
不锈钢组合架・水曲柳・搁板组
合・小、追加用骨架・小・不锈
钢・高83cm型用、不锈钢追加
搁板・水曲柳・宽84cm型用、
不锈钢组合架用骨架加强部件・宽
84cm型・交叉杆・大・不锈钢・宽
84cm型用、硬质纸盒・附盖・浅
型、硬质纸盒・抽屉式・2层
×2、硬质纸盒・抽屉式・深型、
铸型胶合板椅子（灰色）／合计
78330日元（组合架整体28000
日元）

无印良品的网络商城上，通过"组合架模拟程序"可以根据不同用途尝试
各种各样的组合形式。

**工作空间和收纳
空间两不误**
　　与电脑桌相连的
架子的高度和电脑桌
相同，所以资料和文
具等可以在上面摊开，
并作工作台使用。

先生专用的抽屉
　　木质抽屉是先生
专用的漫画角。书背
向上地直立摆放，便
于快速找到自己想要
的那本。

Rearrange 2
Bed Room

多层架·2层（基本组）·栎木材·宽42×
深28.5×高81.5cm·多层柜·抽屉式·4层·栎
木材／合计20000日元
钢制隔板·中·超声波香薰机［p127］

**不仅是睡觉的地方，
也是放松的场所**

  卧室不仅只是睡觉的地方，同时
也应该是可以看看书、听听音乐，放
松身心的休憩场所。在卧室放置一组
横向纵向皆可使用的多层架。香薰机
摆放其上，滴上几滴精油，散发出来
的香气有助于身心放松。

从种类繁多的
无印良品收纳
用品中，

家介绍。
的用品向大
用频率较高
选出我家使

1

PP 收纳盒　抽屉式・深型
宽 26 × 深 37 × 高 17.5cm
1000 日元

　　简直就是"收纳用品"的代表性角色。最大的优点就是尺寸合适和收纳能力强。在本多家里，放在洗衣房架子上用来装两夫妻的内衣，放在厨房的开放式架子上用来收纳小物件，放在水槽下面用来收纳便当用品，等等，整个家里都有它的身影。

2

硬质纸盒
抽屉式・2 层
宽 25.5 × 深 36 × 高 16cm・荷重 1.5kg
2620 日元

　　方形的粗犷外观非常符合我的口味。虽然是纸质的，但很坚固，把几个纸盒重叠使用，存在感很强，也能带来一定的视觉冲击。虽然是收纳用品，但又不止于此，可以说是一种兼具实用性与装饰性、成为室内装饰一部分的收纳物品。

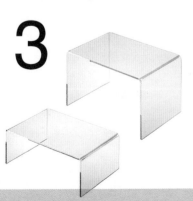

3

亚克力搁物架
宽 26 × 深 17.5 × 高 10cm　540 日元
宽 26 × 深 17.5 × 高 16cm　720 日元

　　ㄇ字形的搁物架用来增加水槽上方的吊柜之类空间的收纳容量。通过隔出高低层使得分别摆在上下层的物品可以轻松取放。而且，透明的质地丝毫不会妨碍视线，就算从吊柜下方抬头向上看，也能够清楚看到深处摆放着的物品。

※ 价格均为含税价

79

制作标签的必需品

标签打印机是制作便签的必需品。用标签打印机打出来的标签，因为字体统一，所以比起手写的标签更易于辨识，不管是谁都能一眼看懂，这是最大的优点。

标 签 目 录

就算已经把东西收纳得井井有条，如果记不起来把东西放在哪里了，那么辛辛苦苦构建的收纳系统仍然发挥不了作用。为了避免出现这种困扰，一旦把东西收纳好，随即就要写一张内容物名称的标签贴在上面，使得物品可视化。只需这样一个步骤，就可以从翻箱倒柜的压力中解放出来，就算是其他家人也能轻松明确地取放物品。

标签打印机 & 带模机

①

①标签打印机打出来的透明标签和PP收纳盒的质感相当吻合，简直就像是直接印刷上去的一样。带有凹凸浮雕工艺的时尚带模机打出来的标签，生活气息减少了许多。②使用了绘画或图案的标志，就算是不识字的小朋友也能自己辨别、动手整理。

照片　在照片上贴上从百元商店买来的保护膜，夹在装玩具的盒子上做标示。

在再生纸架上贴上标签打印机打印出来的透明标签进行分类。需要直接贴在纸上时，使用遮蔽胶带会更容易剥离，比较方便。

把照片用超级小的尺寸打印出来，然后用双面胶贴在PP盒上，这样，里面的内容物就一目了然了。这个方法适合收纳孩子的玩具或是文具之类的小物件时使用。

标签挂牌　对于标签纸无法粘贴的布质收纳用品、篮子或衣物防尘罩等，可以把透明标签打印出来后贴在自己喜欢的标签挂牌上，制作一个原创的标签牌。为了拆装方便，可以用活口环来吊挂。

2

让无印良品来解决
你的收纳问题

怎样才能让孩子在回家后

自己收拾外套和书包？

壁挂式家具·横板·长88cm[p18-05]、不易横移挂钩·小[p19-13]

起居室附近，在孩子回家后的必经路线上安装了一根横板，是给孩子挂外套和书包的固定位置。只要把木条安装在孩子们可以够到的高度，他们当然可以自己完成这些动作。如果再挂上挂钩，就更便于挂帽子和书包了。这类挂钩只要从内侧拧牢就行。

怎样才能让孩子自己

做出门前的准备？

一只抽屉放一类物品。按照这样简单的规则进行收纳的话，就能够"不在这里，也不在那里"地快速做出选择，可以有效缩短准备的时间。为了明确每个抽屉的内容物，记得在抽屉前面贴上标签。

聚丙烯箱·抽屉式·深型·2个·附隔断[p14-12]

比起专为儿童设计的家具，我更推荐可以根据用途不同而作变化的组合架。图中是供双胞胎4岁孩子使用的由组合架构成的衣柜。考虑到孩子的身高，在够得到的位置安装挂衣杆，再配上可以用来装小物件的篮子，底部装有脚轮，方便整体移动。随着孩子的成长以及物品的变化，组合架还可以用作书架，或是增加抽屉作衣橱使用。如果更换组件，整体的高度和宽度也能自由调整。

钢制组合架追加用骨架·中（灰色）×2、追加搁板·木制（灰色）·宽56cm型用×2、骨架加强部件·深41cm型（灰色）·宽56cm型用、追加用帆布篮（灰色）·宽56cm型用、衣柜·宽56cm型用、交叉杆·小（灰色）、脚轮（4个组）／合计14542日元

便于寻找和整理
的玩具收纳法是
怎样的？

为了可以让孩子自己动手整理玩具，收纳用品的高度要整体降低。只要能轻松放入，孩子自己也能随意地取放玩具。按照"火车""过家家""积木"等大概的分类把玩具放在固定的位置。至于收纳工具，则是不分横向纵向皆可使用、可另买也可由装其他东西改为装玩具的收纳盒。

纸板箱 A4 尺寸·4层·米色 宽 37.5× 深 29× 高 144cm / 3360 日元 ×2 纸板抽屉 宽 34cm× 深 27× 高 34cm / 750 日元 ×2 纸板抽屉·2层 宽 34× 深 27× 高 34cm / 1400 日元 ×2 纸板箱用连接金属件（2个一组）/ 250 日元

没有盖子的软盒也是比较推荐的收纳用品。可以随着内容物的多少改变形状，这是软盒的便利之处。为了能让孩子对内容物一眼即知，夹上照片作为标签，效果立竿见影。

聚酯纤维棉麻混纺软盒·长方形·大 / 小 [p16-14、12]

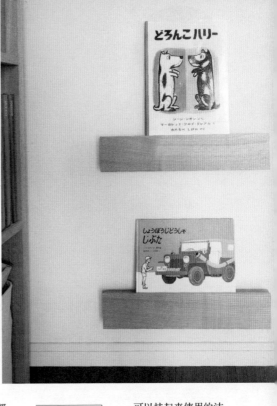

唾手可得？怎样才能让想看的书

在起居室的墙上安装横板，把书放在上面，自然就容易激发看书的兴趣。经常性地把自己喜欢的书或是从图书馆借来的书放在横板上进行装饰，也是一种乐趣。

壁挂式家具·横板·宽44cm [p18-04]

收纳？越来越多的玩偶该怎样

最好的方法就是全部放进大箱子里收纳。敞开着放就好，不需要盖子。布盒子会根据放进去的玩偶的不同形状而变形，具有相当好的贴合性。

聚酯纤维棉麻混纺软盒·大、聚酯纤维棉麻混纺软盒·长方形·大 [p16-15、14]

后座被弄得乱七八糟？驾车外出时，如何避免

可以挂起来使用的洁面用品网眼包是十分好用的收纳用品。尿布、卫生纸、马甲袋、防晒霜、橡皮膏等琐碎的东西都装进网眼包里，挂在前座的靠背杆上就行。或者直接拿在手里也可以。

防泼水尼龙·可吊挂式洗脸用具盒·大·黑色 [p19-07]

SCENE 2

起居室和餐厅

如何处理？
告单之类的该
随手乱放的广

在方便拿取的架子侧面等地方用双面胶贴上信立，当作暂时的收纳场所。在信件或广告单从邮箱里取出到进入家门之间的这段时间里，决定它们的去留。认为该扔的就果断扔进垃圾箱，要暂留的就放在信立里。这样就能保持桌面清爽。

亚克力信立［p17-01］

何处理？
无处可放的处方药该如

亚克力搁物架·3层［p17-03］

把物品分门别类放到抽屉式收纳盒里。"笔、剪刀、胶水""指甲钳、体温计"像这样把内容物明确地写在标签上。这样，全家人都能准确明白地找到自己想要的物品，并在用完后原路放回。常用物品都要经过严格的挑选，努力做到精简。

日用品不会弄丢？
怎样才能让全家共用的

聚丙烯小物件收纳盒·6层·A4大小［p15-16］

用亚克力搁物架做收纳盒的话，可以清楚看到内容物，所以能够防止忘记吃药这回事。用剪刀把片剂剪成一次服用的量，然后放进抽屉中。如果遇到多种药剂的情况，把不同的药分层收纳，就能方便地取用了。

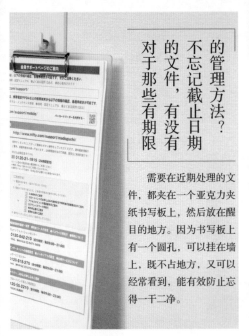

的管理方法？

不忘记截止日期的文件，有没有对于那些有期限

需要在近期处理的文件，都夹在一个亚克力夹纸书写板上，然后放在醒目的地方。因为书写板上有一个圆孔，可以挂在墙上，既不占地方，又可以经常看到，能有效防止忘得一干二净。

亚克力夹纸书写板（A4用）[p17-11]

有什么推荐的做法吗？

对于旧报纸的暂时收纳

利用 A4 尺寸的聚丙烯垃圾箱，大小刚好用来装对折的报纸。周刊杂志等在丢弃前也可以暂时放在这里面。在平时看报纸的地方附近摆上这样一个箱子是明智的做法。

聚丙烯垃圾箱·方形 [p15-17]

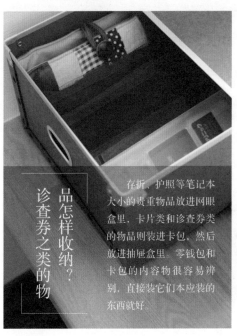

品怎样收纳？

诊查券之类的物

存折、护照等笔记本大小的贵重物品放进网眼盒里，卡片类和诊查券类的物品则装进卡包，然后放进抽屉盒里。零钱包和卡包的内容物很容易辨别，直接装它们本应装的东西就好

是怎样的？

的保管方法

零件类物品

容易散落的

电线、金属件按照种类划分，电池按照尺寸划分，分别装进袋子里保管。并在袋子上做好类似"单3电池"这样的标签，让每一个人都一目了然是最重要的。

尼龙网眼硬质盒·大·黑色、聚丙烯卡包·3层·60枚用、硬质纸盒·抽屉式·深型 [p127、p18-06]

小分装袋·软型（4号·11枚入）[p127]

SCENE

3

厨房

整体厨房的深抽屉
该如何灵活利用？

把高的调料瓶和长形食材直立放入深型抽屉里吧。如果是容易倾倒的物品，只需放进文件盒里就能保持直立。由于盒子是半透明的，只需拿起来一看，就能知道里面装的是什么。简洁的方形盒子并列排放不会浪费空间，非常好用。

聚丙烯文件盒·立式·宽·A4用［p15-06］、聚丙烯文件盒·立式·A4用［p15-05］

纳是怎样的？先的厨房工具收以取用方便为优

对于厨房工具来说，把手以外的部分要比把手重得多，所以最重要的就是挑选有分量的收纳瓶。重心下沉的米瓷餐具收纳瓶，就算频繁地取放工具也不会倾倒，是值得信赖的厨房收纳用品。

米瓷餐具收纳瓶 [p19-09]

工具应该怎样收纳呢？形状和大小各异的烘焙

聚丙烯文件盒·立式·宽·A4用 [p15-06]

如果是大容量的文件盒，可以把这些七七八八的工具一股脑儿收纳进去。就算摆放在不太方便够到的吊柜里，只要用手指勾住盒子正面的圆孔，就能轻松拿出来。由于盒体透明，可以随时确认里面装着什么。

条擦手巾的话怎么办？开放式厨房也需要挂一

铝制挂钩·磁石式·小号 [p19-10]

为了迅速擦干湿漉漉的双手，擦手巾必须挂在厨房的某个固定位置。水槽和灶台并排的情况下，在抽油烟机上用磁石式挂钩挂上一块擦手巾，十分便利。因为这个位置通风良好，擦手巾也很容易晾干。

如何收纳？
蔬菜应该
的根菜类
常温保存

无需放进冰箱保存的薯类、洋葱、大蒜等，只需放进收纳盒里，放在厨房的阴凉避光处即可。把纸袋上半部分内折，做成一个盒子，可以有效防止马铃薯上的泥土弄脏收纳盒。

聚酯纤维棉麻混纺软盒·长方形·小 [p16-08]

翼而飞呢？
门的储藏格中不
小包调料从冰箱
如何避免便当用

把调料包用钢丝夹夹住后挂在储藏格的边缘，这样就不会找不到了。一打开冰箱，调料包就出现在眼前，因此也就不会错过使用的机会。

不锈钢悬挂式钢丝夹 [p19-11]

在厨房架子的空隙或长条柜上放置收纳搁物架，把托盘或锅垫直立收纳起来。透明的亚克力材质，不会造成视觉上的压迫感，所以就是放在显眼的位置也不会引起注意。

不锈钢悬挂式钢丝夹 [p19-11]、铝制毛巾架·吸盘式 [p127]

亚克力小物件搁物架 [p17-04]

收纳呢？折叠的餐桌垫应该怎样长期使用的托盘和不能

不能折叠的餐桌垫用夹子夹起来，挂在门后或把手的杆子上收纳。如果卷成一团就没法使用了，所以一定要挂在能看到的地方。这种悬挂式收纳也有助于餐桌垫用湿布擦过后的晾干。

可重叠长方形藤编篮子·小 [p18-15]

18-8 不锈钢钢丝篮 2 [p19-01]

法是怎样的呢？开放式餐具收纳既美观又方便的

如果是经常使用的餐具，采用开放式的收纳，收拾起来就会非常轻松。浅型宽版钢丝篮非常适合用来收纳连柄杯或玻璃制品。工作风的质感和简洁的设计也十分讨喜。为了避免器皿擦伤，可以在底部垫上抹布。藤编篮十分结实，用来收纳餐具也能提供坚固的支撑，是非常可靠的收纳用品。而且外形也十分美观，所以应该尽量用在能看到的地方。再放入餐盘立，使得餐具直立收纳的话，更便于轻松取用需要的餐具了。

想要轻松找到衣柜里的小物件，该怎样收纳才好？

　　袜子、紧身裤、文胸、内衣类、手帕等折叠起来后体积很小的物件，要使用高度较浅的布质收纳盒来装比较合适。可以摆放在柜子上，也可以跟搁板架组合，像抽屉一样使用。

聚酯纤维棉麻混纺软盒·浅型 [p16-09]

样收纳？织衫该怎的厚重针体积膨大

　　如果衣柜里有挂衣杆，建议使用悬挂式的收纳格。毛衣、盖膝毯之类膨大的冬令用品卷起来后放进收纳格里，可以实现取用方便的简单收纳。

棉麻涤纶小物件收纳格 [p16-10]

容易变形的帽子应该
怎样收纳呢？

在壁橱和衣柜的闲置空间里安装两根平行的伸缩杆。杆子可以用来摆放容易变形的有檐帽，如果再装上挂钩的话，还可以用来挂鸭舌帽等。这样做不但有效地利用了空间，还使得物品一目了然，便于选择。

吸附式伸缩杆·细·M／银色 70-120cm［p19-05］

能够迅速选择并
取出的包袋收纳
方法是怎样的？

形状大小各异、收纳不便的包袋统一放到一只大篮子里，这样既不容易变形又方便取放。钢丝篮通风性能良好，正适合在容易沉积湿气的衣柜里使用。

18-8 不锈钢钢丝篮 6［p19-02］

怎样收纳
才能让托特包一目了然？

不适合放在地上或是像托特包这样的大包，可以用 S 型挂钩挂在衣柜的杆子上，既解决了摆放的问题又能防止包身变形。同时，还会让你意识到"原来我有这么多包啊！"

铝制 S 型挂钩·大号［p19-14］

比较好？衣服怎样处理孩子穿不到的

推荐使用旅行收纳用品。像衣装袋那样可以折叠起来收纳，正面的网眼让你清楚掌握里面装着什么。如果能把写有类似"110夏装"这类内容的条子放在网眼这一面就最好了。

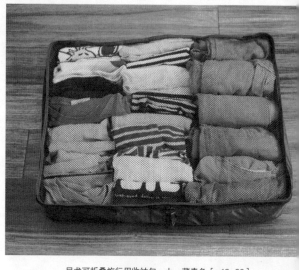

尼龙可折叠旅行用收纳包·大 藏青色［p19-06］

锦纶井字格包袱皮 紫色·约 100×100cm［p19-08］

的方法？很少用到的衣物有没有简单处理

包袱皮简单好用。过季衣物或是使用频率低的物品可以用包袱皮包裹起来收纳。不用的时候，包袱皮可以叠成很小的一块，一点儿都不占地方。这一招还可以用来处理暂时不确定是不是要丢掉的衣物。

换季的衣物应该如何收纳呢？

过季衣物或是参加婚宴、葬礼等仪式时的着装等使用频率很低的衣服可以收进带拉链的衣物箱里，然后放到壁橱的顶柜或衣柜的上层位置。轻盈布质的带把手箱子就算放在较高的位置，拿起来也不会太费劲。而且，布质箱子能够根据收纳量的多少调整形状和空间也是非常方便的一点。

聚酯纤维棉麻混纺
软盒·衣物用·大
[p16–16]

面对数量不断增加的图书，应该选择多大尺寸的书架才好呢？

横向侧倒后重叠使用的硬板柜可以根据图书数量的多少而增减，有较大的使用弹性。狭长形适合摆放前后两列文库本。简单的箱型结构，今后也有用作他用的可能。

硬板柜·狭长形·5层·米色　宽25×深29×高180cm／3570日元×3、硬板柜·A4尺寸·5层·米色　宽37.5×深29×高180cm／3990日元×2、硬板柜用连接金属件（2个装）／250日元×3

分散在相册里的旧照片该如何管理呢？

硬质纸盒·附盖·深型［p18–12］
再生纸索引·米色（A5尺寸·20孔·5页）［p127］

推荐的方法是把所有的照片都从相册中取出来，集中收在一个箱子中管理。把照片按照统一的朝向放进盒子里，比起相册来要省空间得多。体积减小后，方便放在身旁，翻看照片的机会自然也会增多。把索引页剪成照片的大小，夹在照片中间，可以实现把照片按照时间或人物进行分类。

有没有便于检索的文件分类方法呢?

如果贴上文件盒专用的再生纸文件夹,"保险""医疗""教育"等相关的各种文件都能分类收纳起来。因为有索引签,所以连标签都不需要。文件夹可以夹住文件保管,所以可以只取出需要的文件,十分便利。

再生纸文件夹(A4用·5枚·附索引签)[p127]、聚丙烯文件盒·A4用[p15-04]

是应该收在文件夹里?每年收到的贺年卡是不

可叠放亚克力DVD盒[p17-09]

一旦把每年收到的卡片都放进文件夹里,等到要处理的时候就得一张一张地拿出来,非常耗费时间。如果是有特殊意义的作品,想要留作收藏,那另当别论,绝大多数情况下我并不建议大家把贺年卡片放进文件夹里。把整年的卡片用夹子夹住或用橡皮筋捆住,放进带隔断的盒子里,这样的做法应该更便于管理。

杂志、报纸的剪报应该如何保存?

再生纸架·A4尺寸·5枚入[p127]

为了以后不用的时候方便处理,首先不要把这些剪下来的内容贴起来,而是应该进行分类后夹在纸架里进行保管。然后,把纸架放进文件盒或立在书柜里都是节省空间的好办法。

名片的便捷收纳法是怎样的?

名片越来越多,怎样整理是个难题!对于有这种困扰的朋友,我推荐一种用隔板收纳箱直立收纳的方法。如果能将名片简单明确地进行分类,那么找起来也不会太费劲,收起来的时候也可以一步到位。

可叠放亚克力箱·附隔板·小[p17-06]

床头空间呢？样才能创造出一个闹钟、手机……怎

如果房间面积不够，那就充分利用墙上的空间。石膏板墙壁上也能安装的隔板是一种利用率很高的床头柜。尚未看完的书、装有饮料的连柄杯等都能放在上面。有了这样一小块可以摆放物品的空间，整个卧室都变得舒适起来。

壁挂式家具·搁板·宽44cm [p18-03]

对于首饰的收纳，有没有推荐的方法呢？

有一种方法是把亚克力盒内用分隔箱直接放在梳妆台的抽屉里使用。在有一定高度的抽屉里，可以把相同尺寸的分隔箱上下重叠使用，这样，再细小的饰品也不会缠绕打结，可以轻松取用。平铺的摆放，让所有首饰都一目了然，可以尽情地挑选。

可叠放亚克力盒内箱分隔栏·格子、可叠放亚克力盒用内箱分隔栏·长形、可叠放亚克力盒用内箱分隔栏·大·项链用 [p17-13、14、12]

零散的化妆品该如何收纳？

亚克力照片明信片盒·明信片尺寸用 [p17-10]

数量繁多并且不断增加的发饰很容易弄丢或被遗忘在角落里，为了避免这些情况的发生，应该集中收在一个地方保管。带盖亚克力盒透明的质地可以让所有内容物一目了然，并且可以防止头饰落灰。

零散的化妆品可以用盒中盒来整理，同时方便使用。在软盒中放入化妆盒，这样的组合使得化妆品能取用后方便地收纳起来。

有没有方便发饰挑选的收纳方法？

聚酯纤维棉麻混纺软盒·长方形·小 [p16-08]、
PP 化妆盒·附隔断·1 / 2 横向 [p16-06]、
PP 化妆盒·1 / 2 横向 [p16-05]

③

①

④

②

① 有一定深度的隔板，怎样才能让深处的物品也能轻松拿出？

选择和搁板深度匹配的钢丝篮，就能像抽屉一样使用，就算是放在深处的物品也能顺畅地拿到。把毛巾全都卷起来直立收纳，有助于快速拿到自己想要的东西。

② 全家人的睡衣和内衣该怎样收纳？

我建议每个家庭成员的睡衣和内衣分别占用一个抽屉，这种方法比较便于管理。属于小孩子的抽屉选择浅型的构造，可以避免因为够不到而造成的空间浪费。为了方便孩子自己穿衣打扮、整理衣服，要在每个抽屉上贴一张主人的名字标签。

③ 洗涤剂、柔顺剂等洗涤用品的保管方法是怎样的？

洗涤用品的备用品大多分量很重，所以推荐用轻巧的布质软盒收纳。备用品的数量以软盒所能装下为宜。如果有多余的空间，放入文件盒用来收纳其他物品亦可。

④ 容易缠绕的衣架的收纳方法是怎样的？

文件盒横倒过来，以背脊部分为底，放入晾衣架。因为集中地排列在一起，一下子就能拿出需要的个数。如果是同一种衣架摆放在一起，那么看起来也会整齐划一，比较清爽。

让防滑垫快干的收纳方法是怎样的？

在洗衣机的正面装上挂杆，就可以挂上使用完的防滑垫，一边晾干一边收纳。如果挂在这里，也是最方便清洗的。

铝制毛巾架·吸盘式［p127］

发带固定收纳在哪个位置比较合适？

在洗脸台附近装一只挂钩，发带的专属位置就诞生了。因为是每天都要使用的物品，所以一定要准备一个指定位置。

壁挂式家具·挂钩·水曲柳［p18-01］

① 18-8 不锈钢钢丝篮 6［p19-02］② 聚丙烯收纳箱·抽屉式·小、聚丙烯收纳箱·抽屉式·大［p14-04、05］③ 聚酯纤维棉麻混纺软盒·长方形·中、聚丙烯文件盒·立式·A4 用［p16-13、p15-05］④ 聚丙烯立式文件盒·A4 用、聚丙烯立式文件盒·宽·A4 用［p15-07、08］

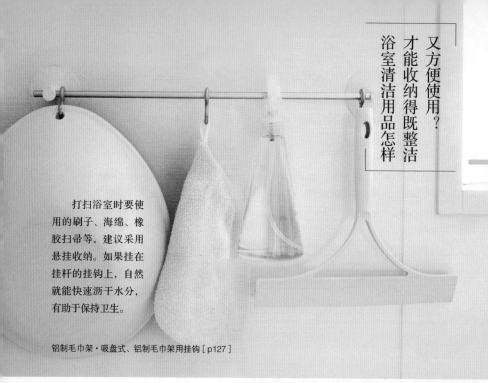

打扫浴室时要使用的刷子、海绵、橡胶扫帚等，建议采用悬挂收纳。如果挂在挂杆的挂钩上，自然就能快速沥干水分，有助于保持卫生。

铝制毛巾架·吸盘式、铝制毛巾架用挂钩 [p127]

孩子洗澡时的玩具应该怎样收纳才好呢？

把玩具收进洗衣网里，然后用钢丝夹夹住，挂在杆子上，既能沥水又能收纳。网兜的开口很大，方便孩子在玩耍后自己把玩具收拾好，这是这种收纳方法的一大好处。另外，网兜没有尖锐的四角，十分安全，这也是我推荐这个方法的关键所在。

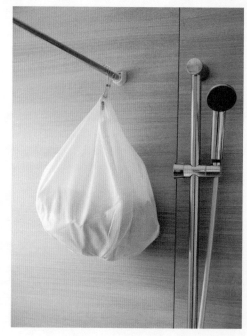

洗衣网·大 [p127]、不锈钢悬挂式钢丝夹 [p19-11]

数量众多的美甲、美妆用品要怎样收纳才能便于选择？

建议大家用透明容器来收纳色彩缤纷的美妆用品。瓶身透明便于选择物品，瓶子的广口也为取放物品提供了方便。塑料材质的瓶身比较轻盈，也不易摔坏，不小心弄脏的话可以轻松清洗，这也是一大优势。放在抽屉里收纳的话，记得在瓶盖上写有内容物名称的标签。

沐浴露用替换广口瓶［p127］

卫生间里没有收纳搁板，备用品的收纳如何是好呢？

在卫生间墙壁的适当位置安装一块搁板，用作备用品的储藏场所，也是一个不错的办法吧。除了几卷卫生纸，并排放上一瓶绿植，这已经不单是收纳，同时也是一种空间布置的享受，充满着趣味。

壁挂式家具·搁板·宽44cm［p18-03］

SCENE

8

玄关

为了避免出门前在玄关找钥匙，该怎么做？

在玄关的门上安装托盘，并把它当作钥匙的指定位置。回到家后，马上把在家里不需要用的钥匙放到托盘上，形成习惯后，就能避免弄丢钥匙的情况发生。而且，这个位置与门把近在咫尺，伸手可得，出门前的准备也十分方便。个人图章也放在这个托盘里，以方便收包裹的时候使用。

吸附式托盘［p19-04］

怎样在玄关辟出一个收伞的地方？

壁挂式家具·横板·宽 44cm［p18-04］

在墙壁上安装横板，雨伞的手柄部分可以挂在横板上。折伞等没有手柄的物品可以使用挂钩挂在横板上。鞋拔也挂在上面的话，要用的时候一下子就能拿到，非常方便。其他的小物件可以装在环保袋里，挂在横板上，实现收纳。

装不下的鞋子应该放在哪里？

吸附式伸缩杆·细·中［p19-05］

在鞋柜里找出相对较高的一层，平行安装 2 根伸缩杆，形成一个简易的架子，能够有效地增加收纳量。建议在这一层里收纳孩子的小鞋子、女士的平底鞋、平跟凉鞋等高度不是特别大的鞋子。

孩子的鞋柜里到处都是沙子，如何解决呢？

PP 化妆盒·1 / 2 横向［p16-05］
桌面扫帚（附簸箕）［p127］

在玄关门后或鞋柜门后以及柜子的空余地方常备桌面扫帚和用广告单折成的垃圾箱。一旦发现沙子，马上清扫干净。扫出来的沙子装在广告单垃圾箱里，丢进附近的垃圾桶里。在这一连串连贯的动作中，轻松地完成了玄关的清扫。

聚丙烯搬运箱·大 [p14–14]、
聚丙烯收纳箱用脚轮 [p127]

收纳才好？
手套应该怎样
的头盔和棒球
在玄关占地方

如果鞋柜或架子的底部还有空间，可以把一只浅收纳箱装上脚轮，用来收纳这些器具。使用的时候可以轻松拉出来，也便于清扫。如果弄脏了，还可以直接水洗。只在户外使用的物品固定收纳在家门口附近的位置，打扫起来就不会那么麻烦了。

件杂乱无章？
用品、雨衣等小物
怎样防止鞋具护理

在鞋柜的一层放置专用的收纳盒，用来收纳这些小物件。虽然聚集了很多各色各样的东西，因为是抽屉式的收纳盒，找起东西来很方便，关上抽屉也很简单。这样就可以保持玄关的整洁了。

聚丙烯箱·抽屉式·横款·深型 [p14–10]、
PP 化妆盒·1 / 2 横向、PP 化妆盒·附隔断·1 / 2 横向 [p16–05、06]

番外篇

怎样才能在开车途中
单手拿墨镜？

把亚克力笔筒固定放在车门内侧的门槽里，然后把墨镜竖起来放进笔筒里。开车的时候可以像从笔筒里抽出笔那样取出眼镜，放回去也很简单方便。

亚克力笔筒 [p17–02]

column 2

收纳实例集

在这里，我将介绍在提供整理收纳服务过程中，把无印良品的收纳用品应用到客户家中的收纳实例。

厨房篇

DATA
家庭构成：夫妇二人和长女（9个月）
愿望：打造一个对孩子来说尽可能安全的厨房

BEFORE

固定住的收纳家具每一件的收纳空间都很小，后来陆续添加的收纳家具也是收纳能力和持久力都十分有限。

冰箱顶也成了收纳架

因为收纳空间都塞满了，结果冰箱顶上也成了摆东西的地方。由于位置高过平行视线，上面摆放的东西很容易被遗忘，等到想起来的时候，往往已经过期了。

危险性很高的微波炉架

使用频率高的东西基本都集中在这个架子上了。由于架子是开放式的，上面的东西很容易掉下来，荷重能力也令人担忧。等到孩子学会走路以后，这个架子是最令人担心的地方。

不断增加的宝宝用品

宝宝用品没有固定的摆放地方，哪里有空就往哪里塞。结果，放在深处的东西取放很不方便。

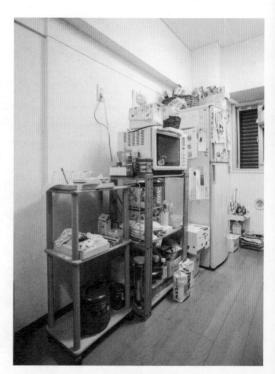

打造一个可以放心使用的厨房

趁在孩子学会走路、扩大活动范围之前，对开放性过大的厨房收纳进行改造。使得数量不断增加的宝宝用品拥有固定的摆放位置，整个厨房的收纳容量也能有所增加。

准备好必要的家具和用品

事先检查的时候，要对需收纳物品的总量有一个大概的掌握，计算出需要的收纳空间。再以此为基础，把准备好的收纳家具和用品组装搭建起来。

WORK

购入符合空间大小和需求的家具。
把想要收纳的物品可视化、分类别，并决定每一类东西的固定位置，然后做收纳。

把所有的东西都拿出来进行分类

把分散在各处的东西全部拿出来集中到一个地方，然后按"餐具""储藏容器""儿童用品"等把用途相同的物品进行归类。食材按照库存的物品分类成"干货""罐头食品""调味料"等。不确定该如何归类的时候，回想一下超市里的货架分类就可以了。

再按照使用频率进行分类

虽然都是餐具或烹饪用品，但即使同一分类里，使用频率也各有不同。按照这种频率的不同，可以将物品细分为最常使用的第一梯队，偶尔使用的第二梯队和极少使用的第三梯队。通过这样的分类，可以把第一梯队的物品放在取放最方便的位置，把第三梯队摆放在最不方便的位置，使得整个收纳结构张弛有度。

AFTER

从冰箱到推车都整齐地排列在一条线上，给人一种高利用率的感觉，对于孩子来说的危险性也减少了。

餐具架和手推车的使用令收纳量增加

组装一个无印良品的组合架，然后放置可用作收纳和摆放小家电的餐具柜，以及可自由移动、可以当料理台的推车。虽然用途和尺寸各不相同，但材质和深度相同，所以摆放在厨房里有一种协调的统一感。餐具柜的上层安装的是玻璃门，所以即使位置高于平行视线，也能方便地确认柜子里的内容物。

推车用来收纳吃饭时的用品

坐在餐桌边也能伸手够到的推车，适合用来收纳宝宝用的纱布、围兜、刀叉、勺子和餐后的带柄大杯等。

离乳食用品收纳在水槽旁边

在水槽旁边的抽屉里收纳制作离乳食的工具。这样，在制作的过程中，伸手即可取放工具。

餐具柜……不锈钢组合架·不锈钢追加用骨架·大·高 175.5cm 型用 ×2、不锈钢追加用搁板·水曲柳·宽84cm 型用、不锈钢组合架用·骨架加强部件·宽 84cm 型用、交叉杆·大 ×2、组合架·柜子·抽屉式·2 层·水曲柳 ×2、组合架·柜子·玻璃拉门·水曲柳／合计 80,000 日元

推车……不锈钢组合架追加用骨架·小·高 83cm 型用 ×2、不锈钢追加用搁板·水曲柳·宽 56cm 型用 ×2、不锈钢组合架用·骨架加强部件·宽 56cm 型用、不锈钢交叉杆·小·宽 56cm 型用、不锈钢追加用 PP 储藏篮·宽 56cm 型用、组合架用脚轮·4 个一组／合计 21,250 日元

玻璃门里的餐具类

餐具柜的上层用来摆放平摊面积较大的盘子或叠放后有一定高度的餐具。下层的空间里，摆放着装有不同类别食物的藤编篮。

日常食材都放在藤编篮里

通过在藤编篮［p18-15］里分类摆放不同食物，使得储备管理变得清楚明确。"茶叶""糕点""干货"，为了让收纳的分类一目了然，记得贴上标签。如果食材随意躺在篮子里，会变得乱糟糟的，应该采用直立收纳进行整理。

① 高使用频率物品的固定位置

这是最方便取放物品的一层抽屉。这里应该摆放第一梯队里即使叠放后高度也合适的餐具。

② 食材的储备放在第二层

储备食材放在这里。内容物一目了然的抽屉，对于食材的收纳来说最用得上。

③ 储藏容器都集中在一个地方

分散在厨房各个角落，要用到的时候又很难找到的储藏容器都集中放在这个抽屉里。

④ 重量级物品放在最下层

饮料、储备食品、罐头、液体调味料等分量较重的物品都放在下层。收纳的时候记得把印有食品名称的一面朝外。

衣柜篇

DATA
家庭构成……夫妇二人
愿望……想要一个能很快找到衣服、取用方便的衣柜

BEFORE

把分散在家中各处的衣物都集中到一个地方，希望可以快速找到想找的物件。

WORK

把要收纳的衣服和小物全部拿出来集中到一个地方进行分类，以便有个整体的掌握。然后，再一一决定每个分类的固定位置。

想要消除收纳空间不足的压力

由于抽屉有 12 个之多，收纳变得复杂，搞不清每个抽屉里分别装着什么。另外，挂起来的衣服之间挤得太紧，仔细一看发现都已经挤出褶皱了。

根据季节和项目进行分类

把分散在家中各处的衣服和其他配饰全部集中到一个地方，然后像是"冬季外套""夏季上衣""全年百搭"这样根据季节和项目进行分类，把功用相同的物品集合到一起。这样一来，就能对自己拥有某一方面的多少东西有一个把握，不需要的物品也能轻松地处理掉。

一个抽屉里的袜子堆成了两层

袜子在有一定高度的抽屉里不知不觉间变成了上下两层，很难找到自己想要的那一双在哪里。难免有几双被永远地雪藏了。

用浮签做标记

对衣物进行分类的时候，贴上写有名称的浮签，操作起来会更明确。这时，记得要把悬挂收纳的衣物和折叠收纳的衣服用不同颜色的浮签区别开来。

简单即最好

衣架［p127］的大小统一后，挂在上面的衣服的长度也变得一清二楚，便于选择。如果衣架不够用了，则是衣服正在增加的信号。

利用衣柜的深度

充分利用衣柜跟壁橱差不多的深度。在里侧的板壁上安装横板［p18-05］，用来悬挂过季的外套（限荷重6kg）。这样一来，衣物换季就会轻松一些。记得要使用挂钩可拧转的衣架。

侧壁也要利用起来

容易变成死角的侧壁也要装上挂钩［p18-01］，使之成为收纳空间。经常使用的包和披肩可以挂在侧壁上收纳。

AFTER

把折叠区和悬挂区明确划分开来后，多出了不少空间，衣柜的通风情况也变好了。

p.112 へ

想要轻松地知道"哪件衣服在哪里"其实很简单

分类后的衣物根据形状和使用频率进行分配。要着重考虑衣物取放的方便性和选择的方便性。悬挂类的衣服便于确认长度，根据种类的不同进行区分。折叠起来的衣服则用PP收纳盒·抽屉式·宽型（小、大3层、深［p14-07、08、09］）的组合进行收纳。

① 袜子折叠起来后刚好装进聚酯纤维棉麻混纺软盒［p16-09］里。里面的内容物一目了然。

② 内衣装进不织布分隔箱［p15-02］，然后放进抽屉里。重点是折叠后的内衣宽度和高度要和分隔箱匹配。

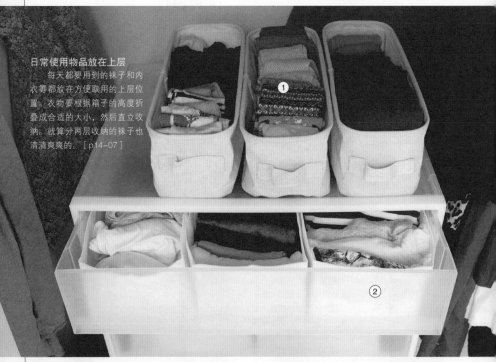

日常使用物品放在上层
　　每天都要用到的袜子和内衣等都放在方便取用的上层位置。衣物要根据箱子的高度折叠成合适的大小，然后直立收纳。就算分两层收纳的袜子也清清爽爽的。［p14-07］

①

②

摆放方法要灵活
　　上衣收在不织布分隔箱［p15-03］里，左右并排放进收纳抽屉里，下装则分成前后两列直立收纳。具体的摆放方法要根据衣物和抽屉［p14-08］的尺寸进行调整。

配合物品的大小
　　最下层的抽屉因为要收纳占地方的包袋，所以选择有一定高度的抽屉［p14-09］。抽屉的高度要根据收纳物品的大小进行选择。

3

了解尺寸后
聪明地收纳

HUMAN SCALE

以 "人" 的尺寸 为基础

在日常的生活中，对尺寸什么的基本不会上心。可是，伸得开手脚的厨房、收纳方便的衣柜、适合对话的距离、舒适的宽敞度等，居住的舒适程度跟空间的大小有着很大的关联。而且，这个舒适度由 "人" 来决定。

就像物品有尺寸一样，人体也有身高、厚度、臂长、手掌大小、水平视线高度等各种尺寸。在做收纳的时候把这些因素都考虑进去的话，收纳的顺手程度会得到很大的提升。这里，需要利用到的就是人的尺寸，也就是人体尺。

人体尺寸的比例基本来说是保持一定的。比如说，合掌撑开手肘后的宽度大约是 60cm。这也是一个人可以顺畅地在人群中走动的宽度，再加上 10cm，就是能坐着吃饭同时不影响邻座的宽度。膝盖的高度通常是身高的 1/4，这也是椅面的合适高度。如果感到动作受到影响或是坐得不舒服，那就是空间的宽敞度不够，没有保证足够高度的缘故。既然找到了不适的源头，改善起来就容易得多了。先了解自己的身体尺寸，然后重新审视自己的生活空间，对于伸手可以够到的高度、适合取放的柜子深度、方便整理的大小等自然就有概念了。

摊开的手掌，
长度是几厘米？
出门在外，对物品尺寸不确定的时候，
啪地摊开手掌就 OK！

· 人体的宽度是 60cm：一个人能够顺畅地走路需要的空间宽度
  是 60cm。
· 人体的厚度是 45cm：侧身走路时，一个人的横宽是 45cm。
· 大约身高的 1/10：将大拇指和食指展开成直角时，两指尖之间
  的距离约是身高的十分之一。这个长度的 1.5 倍是适合这个人
  使用的筷子的长度，在日本被称为 "あた"。

了解自己身体的尺寸

　　根据每个人的体型差异，身体的尺寸多少会有些不同。不过，每个人的人体的比例基本上都是一样的。

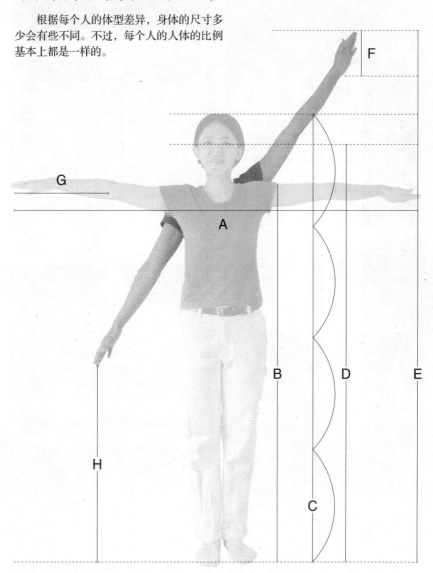

A 两手水平伸展时，左手中指指尖到右手中指指尖的距离基本和身高差不多

B 肩高 = 身高 × 0.8

C 膝高 = 身高 × 0.25（身高的 $1/4$）

D 水平视线高度 = 身高 × 0.9

E 手臂举高后的高度 = 身高 × 1.2

F 手腕到中指指尖的长度 = 15–20cm

G 手肘到中指指尖的长度 = 约 40cm

H 手臂下垂时，指尖到地面的高度 = 身高 × 0.4

根据使用频率决定摆放位置

240cm
（8尺）

$\boxed{C}$ = 很少使用的物品、轻的物品

——伸手可以够到的位置 = 身高 ×1.2 ——

$\boxed{B}$ = 偶尔使用的物品、轻的物品

——水平视线的高度 = 身高 ×0.9

取放的方便性、整理收拾的方便性取决于物品收纳的位置。根据"把物品放在要用到的地方"这个收纳的基本法则，把从各处集合到一起的物品按照"使用频率如何"，自然就能决定各自的收纳位置了。

"频繁使用的物品"收纳在取放最方便的高度。用身体尺寸来表示，就是从下垂手臂的指尖到水平视线高度之间的位置。

"偶尔使用的物品"，比如厨房里用来招待客人或季节性的餐具之类的物品，适合收纳在"频繁使用的物品"的上面和下面，"很少使用的物品"则再往上（往下）一层。另外，在同一层内的收纳技巧方面，"偶尔"可以放在"频繁"的后面，如果把"偶尔"装在带把手的收纳箱里的话，也可以放在"很少"这一层。剩余的空间可以尽情地灵活使用。

$\boxed{A}$ = 频繁使用的物品

——手臂下垂时，指尖到地面的高度 = 身高 ×0.4

一旦顺利处理了收纳的问题，做事效率也就大幅提高了。所以，请务必伸展双臂，利用自己身体的尺寸重新衡量一下家中的收纳位置是否合适。

$\boxed{B}$ = 偶尔使用的物品、重的物品

——膝高 = 身高 ×0.25 ——

$\boxed{C}$ = 很少使用的物品、重的物品

先测量

为了避免这种情况，先准确测量一下放置空间的尺寸吧。

买回来的收纳用品放不进衣柜里！

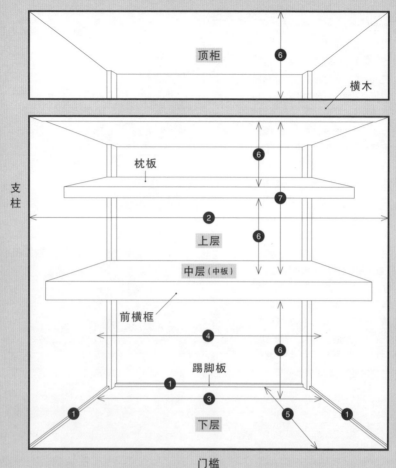

顶柜

横木

枕板

支柱

上层

中层（中板）

前横框

踢脚板

下层

门槛

壁橱

❶ 踢脚板……测量左右两侧和里侧的护墙板长度及宽度，如果稍有误差，以大尺寸为准。

❷ 支柱之间的距离……移走被褥后，适合取放物品的尺寸。

❸ 踢脚之间的距离……可摆放物品和收纳用品的有效尺寸。要注意，如果柱子挡住抽屉，会影响开合。

❹ 侧壁之间的距离……壁橱宽度的最大尺寸。安装伸缩杆时需要参考这个尺寸。

❺ 从里侧踢脚板到门槛……摆放物品和收纳用品的有效尺寸，最大尺寸可以到紧靠门槛为止。

❻ 4层的高度……下层、上层、顶柜、枕板（如果有的话）都测量出从底板到顶边的距离，是取放物品和收纳用品的有效尺寸。

❼ 从中层到顶棚……有枕板的情况下需要测量的尺寸，安装纵向伸缩杆时会用到。

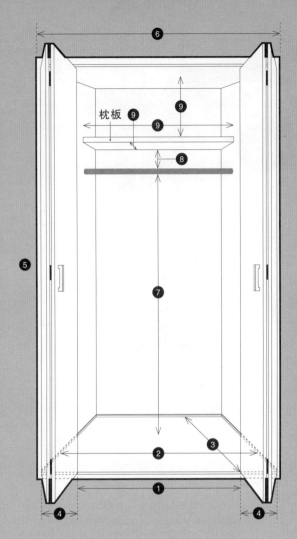

枕板

衣柜

❶正面宽度：柜门打开时，实际可以进出的尺寸。放入抽屉时以这个尺寸为准。

❷底板宽度尺寸：测量踢脚板与踢脚板之间的距离，就能知道底板上可以摆放的收纳箱等的宽度大概是多少。

❸底板深度的有效尺寸：折叠门打开时，从里侧踢脚板到内侧门脚的距离，是底板深度的最大尺寸。

❹折叠门的厚度：测量折叠门打开时的厚度。❷的数值减去两个❹的数值后就是❶。

❺高度的最大尺寸：可收纳的最大尺寸，当然，枕板的部分不能用于收纳。

❻最大宽度尺寸：从一面侧壁到另一面侧壁测量，安装伸缩杆的时候需要这个数据。

❼挂衣杆的高度：测量从底板到挂衣杆的距离。一般来说是170cm，在悬挂长大衣的情况下，下方也仍有50cm左右的空余。

❽挂衣杆上方的高度：如果这个高度在10cm以上，可以考虑加装伸缩杆。

❾枕板的宽度、深度和高度：量出这些尺寸后，就能知道枕板上可以摆放多少东西。如果有横梁，也要测量横梁的深度和高度。

记住这些尺寸会让生活更便利

壁橱
壁橱门的宽度通常与一块榻榻米的长度相同。
深度约为80cm。
210cm长的被子三折后可以收纳。

被褥（单条）
褥子 100cm×210cm
盖被 150cm×210cm
罩被 150cm×220cm

畳
根据地区的不同，畳的尺寸也有所不同。看到"×畳的房间"时，要先确认一下畳的尺寸标准，才能算出正确的房间大小。
· 京间 95.5cm×191cm
· 中京间 91cm×182cm
· 江户间 88cm×176cm
· 现代住宅 85cm×170cm
· 琉球畳 82cm×82cm

餐桌
1人用桌面使用面积 60cm×40cm
4人用最小尺寸宽 120cm以上，长80cm以上
6人用宽度 180cm以上，长度随着宽度的增加而增加。

再收纳

无印良品的收纳用品可以让你根据实际用途自由调整组合。

应该先确认需要收纳的物品量，以便为选择符合需求的收纳用品提供参考。

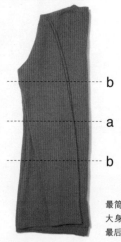

吊带衫、打底裤等折叠后体积较小的衣物适合放在较浅的收纳盒里。

毛衣、T恤、牛仔裤等不怕褶皱的衣物，最基本的收纳方法就是直立收纳。既能让衣物一目了然，又便于整理、取放方便。为了不浪费空间，应该根据收纳盒的高度来折叠衣物。放在有一定高度的收纳盒里时，牛仔裤之类的衣物可以先对折再卷起来直立收纳比较合适。

基本的折叠方法

b

a

b

a 对于有高度的收纳盒来说，对折的衣服大小最合适。

b 三折后的衣物适合高度20cm 左右的收纳盒。

最简单的叠衣方法就是先把衣服的大身对折，然后把袖子折向内侧，最后选择对折或三折。

聚丙烯储物箱·半抽屉式·深型·1个·附隔断 [p15-14]

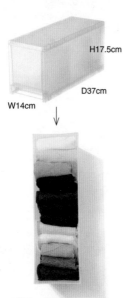

H17.5cm
D37cm
W14cm

吊带衫、带胸垫背心等单薄衣物12件。将衣物对折后，收纳盒的上部有多余的空间。

聚丙烯储物箱·半抽屉式·浅型·1个·附隔断 [p15-15]

H12cm
D37cm
W14cm

吊带衫、带胸垫背心等单薄衣物8件。虽然高度合适，但三折后厚度增加，收纳量相应的也就减少了。

聚酯纤维棉麻混纺软盒·浅型 [p16-09]

H12cm
D37cm
W13cm

吊带衫、带胸垫背心等单薄衣物12件。因为软盒的材质柔软，就算感觉有些超量也没有影响。

不织布收纳用分隔箱

小 宽12×深38×高12cm [p15-01]
中 宽16×深38×高12cm [p15-02]
大 宽24×深38×高12cm [p15-03]
放入聚丙烯储藏箱·抽屉式·小
宽44×深55×高18cm [p14-01] 组合使用。

[番外篇]

用纸袋制作分隔箱

在物品分类、方便取用、统计数量等方面发挥作用的分隔箱，可以利用积存的纸袋来制作。

聚丙烯衣物箱 · 抽屉式 ·
大［p14–15］

H24cm
D65cm
W40cm

聚丙烯储藏箱 · 抽屉式 ·
大［p14–02］

H24cm
D55cm
W44cm

聚丙烯储藏箱 · 抽屉式 ·
高［p14–03］

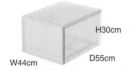

H30cm
D55cm
W44cm

厚毛衣

收纳数量 12 件。PP 收
纳箱系列中深度最大的
一款，收纳量最大。

收纳数量 12 件。比装
在衣物箱里略显拥挤。

收纳数量 12 件。有富
余空间。为了配合箱子
的高度折叠衣服，厚度
不大，增加了收纳量。

牛仔裤 · 全棉休闲裤

收纳数量 18 件。将三
折后的裤子再次对折，
虽然厚度增加，但 18
条裤子全部装入。

收纳数量 16 件。相比毛衣，
缺乏弹性的休闲
裤多余 2 条无法
收纳。

收纳数量 18 件。有富余
空间。箱子有一定高度，
所以休闲裤卷起来后装在
分隔箱里直立收纳。

聚丙烯收纳箱·抽屉式·大 [p14-05]

收纳数量8件，多余4件。比起收纳毛衣，应该更适合于收纳下装、T恤等厚度不大的衣物。

收纳数量12件，多余6件。衣服排列得太过紧凑，看上去取放都不太方便。

聚丙烯收纳箱·抽屉式·横款·大 [p14-08]

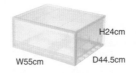

收纳数量12件。因为抽屉深度较浅，拉开后里面的衣服一目了然，收纳量也很大。

收纳数量18件。衣服之间适当地留有空隙，可以轻松取放。

聚酯纤维棉麻混纺软盒·衣物用·大 [p16-16]

收纳数量12件、有富余空间。最适合收纳过季衣物。这个高度的盒子放到床底下也没有问题。

收纳数量18件，有富余空间。收纳量足够。

向无印良品出发！

　　为了购入生活必需品或者办公用品库存不足的时候，我都会前往无印良品采购。有时候只是偶尔经过，可是一看到"无印良品"这几个字，就像是被一股强大的力量吸引，不知不觉就走进店里。在外地旅行的时候，一旦看到无印良品的店铺，也必定会进去看看。对于我来说，无印良品已经成为了生活的一部分。

　　除了"创造最好用的物品"这个不变的魅力点外，一直都在"变化"的铺面也是我每周至少光顾一次的原因。欣赏具有生活气息和季节感的铺面装饰，也是一种乐趣。另外，新发售的商品常常体现了无印良品在吸取顾客需求后的用心，例如，尺寸改进后的冷水壶大小刚好可以放进冰箱门的搁架里。去除多余的功能、追求真正的实用性的商品虽然简单朴素，但是能给人一种"这样就够了"的愉悦和满足感。而且，正因为简单，使用方法才变得"自由"。"这个该怎么用呢"单是思考这个问题，就让人感到幸福和开心。无论是高中生时代第一次迈进无印良品的大门，还是每周数天在无印良品打工，甚至是现在以整理收纳专家的身份顺路走进店铺，无印良品始终都是能让我无条件地心跳加速的神奇之境。

无印良品的商品涵盖衣食住多个领域。T恤、笔、床、意面酱……所有这些商品在同一个品牌下都能买到，实在是罕见的事。我是个热爱"生活"的人，同时也对别人的生活感兴趣，并且以让别人"过上热爱生活的生活"为目标，提供与整理收纳相关的服务。对于这样的我来说，所有产品都跟生活息息相关的无印良品是一种独一无二的存在。

摄影协助
无印良品　有乐町店

有乐町店的最大魅力在于产品的丰富性。动态的产品陈列让人感觉像是在欣赏艺术作品。另外，利用宽敞的空间进行的产品实地展示丰富多彩，十分吸引人。

图书在版编目（CIP）数据

想要了解更多的无印良品的收纳 ／（日）本多沙织著；颜尚吟译.--济南：山东人民出版社，2015.11（2017.7重印）

ISBN 978-7-209-09199-2

Ⅰ．①想… Ⅱ．①本… ②颜… Ⅲ．①家庭生活－基本知识 Ⅳ．①TS976.3

中国版本图书馆CIP数据核字(2015)第223639号

Copyright © 2014 Saori Honda
Edited by MEDIA FACTORY
Original Japanese edition published by KADOKAWA CORPORATION.
Chinese translation rights arranged with KADOKAWA CORPORATION,Tokyo..
Through Shinwon Agency Beijing Representative Office, Beijing.
Chinese translation rights © 2015 Shandong People's Publishing House

山东省版权局著作权合同登记号　图字：15-2014-352

想要了解更多的无印良品的收纳

（日）本多沙织　著　颜尚吟　译

主管部门　山东出版传媒股份有限公司
出版发行　山东人民出版社
社　　址　济南市胜利大街39号
邮　　编　250001
电　　话　总编室（0531）82098914
　　　　　市场部（0531）82098027
网　　址　http://www.sd-book.com.cn
印　　装　北京图文天地制版印刷有限公司
经　　销　新华书店
规　　格　32开（148mm×210mm）
印　　张　4
字　　数　50千字
版　　次　2015年11月第1版
印　　次　2017年7月第2次
ISBN 978-7-209-09199-2
定　　价　32.00元
　　　　　如有印装质量问题，请与出版社总编室联系调换。